RaBaKo

PUBLISHING

Impressum

Bibliografische Information Der Deutschen Bibliothek
Die Deutsche Bibliothek verzeichnet diese Publikation in der Deutschen Nationalbibliografie.
Detaillierte Bibliografische Daten sind im Internet über http://dnd.ddb.de abrufbar
ISBN: 978-3-940185-09-9
Autor: Wallace D. Wattles
Übersetzung aus dem Amerikanischen: Ralf Löffler
Einleitung: Gitta Peyn
Herausgeber: Gitta Peyn: http://www.rabaka-publishing.de
Umschlaggestaltung: Nathan White
Satz: Stefano Di Martino
Lizenz des Coverfotos: RaBaKa-Publishing 2008

Die Wissenschaft des Reichwerdens

Wallace D. Wattles

Einleitung Gitta Peyn
Übersetzung Ralf Löffler

PUBLISHING

Inhaltsverzeichnis

Einleitung

Wallace D. (Delois) Wattles wurde im Jahr 1860 kurz vor dem Bürgerkrieg in den Vereinigten Staaten geboren. Diese wichtige Zeit, die nicht nur die Vereinigten Staaten in ihren Grundfesten erschütterte, sondern weltweit den Weg für neue Konzepte – wie Freiheit für alle, Aufhebung der Rassentrennung und damit Aufhebung beziehungsweise Aufweichung religiöser Schismen, unveräußerliche Menschenrechte für alle Menschen gleich welcher Hautfarbe und gleich welchen Geschlechts, etc. – ebnete, war wie alle wichtigen Zeiten nicht leicht.

Es liegt in der Natur des Menschen, dem edelsten Weg, nämlich dem, durch Nachdenken zu Erfolg zu gelangen, im Allgemeinen erst dann zu folgen, wenn er den finstersten, den Weg des Lernens aus Fehlern, lange genug abgeschritten hat.

Es ist dies insbesondere in der europäisch-amerikanischen Kultur jedoch keineswegs eine Art angeborener Charakterfehler oder eine typisch menschliche Eigenschaft, sondern, oft den schwersten Weg zu gehen, ist hier eine Folge der europäisch-amerikanischen *Konditionierung*.

Konditionierung funktioniert über redundant und intensiv geprägte und als unhinterfragbar postulierte Werte. Derart gebildete Werte formen Gegensatzpaare, die gegenüber all solchen Ideen, die etwas fordern, was Konditionierung aus Gründen des Selbsterhalts nicht zulassen will, Widerstand leisten.

Das Ganze beginnt mit einfachen Begriffen, zum Beispiel „gut“ und „böse“, und wird dann – entsprechend der sich entwickelnden und später Vorlage für weitere Konditionierung werdenden Moral – immer weiter aufgelöst.

Widersprüchlichkeiten sind durchaus erwünscht, denn es ist der Widerspruch, der den Menschen nach Lösungen suchen lässt, und welche Lösungen lassen sich einfacher etablieren als simple Binärcodes, an die man sich halten kann, ja halten muss.

Wattles hat diesen Funktionsmechanismus gut verstanden. Auch wenn er ihn in dieser seiner Arbeit nicht erklärt, dient er dennoch als Grundlage seines Verfahrens. Im Gegensatz zu Nietzsche jedoch, der die unterdrückerische Tendenz von Demut und Mitleid in seinem „Der Antichrist" nicht nur als menschenunwürdig verachtete, sondern sie als unnatürlich bezeichnete, während er den aufrechten Menschen, sich seiner selbst bewusst und sich selbst wertschätzend, als das Ziel der Entwicklung sah, welches nur ein *Aufhören des Alten* sein kann und zwar ein grundsätzliches, ist Wattles leise, ja sanft.

Wattles setzt auf Intuition, auf das rechte Erkennen, auf das Gefühl des „ja, so ist es wahr, ich fühle das, diese Wahrheit beruht auf mir selbst, ich kann sie in mir empfinden und ihr folgen", nicht auf Zorn. Wattles rüttelt nicht auf, er berührt und motiviert zum Erschaffen. Er lässt das Zerstören gänzlich außer Acht, denn „das Alte verschwindet von selbst".

Wattles ist ein Abbild seiner Zeit. Die Jahre nach dem Bürgerkrieg steckte er gleich seinem Land in tiefer Zerrüttung, schritt von Fehlschlag zu Fehlschlag, bis er eines Tages begann, nach *Integrität* zu suchen, nach dem, was einen Menschen zu Einheit mit sich selbst bringt.

Zunächst führt ihn sein Weg tief hinein in den christlichen Mythos, doch wir werden sehen, dass er nicht an der Oberfläche verweilt, sondern in den Kern einzudringen vermag, wo die Religion alles Kriecherische und alle triviale Binärcodeorientierung verliert und zu einem umfassenden Verständnis von Gott und damit der Welt und dem individuellen Ich gelangt.

Wattles verliert den Binärcode und mit ihm verliert er den Zweifel. Dort, wo das Paradoxe, das Widersprüchliche ist, dort ist der wahrhaftige Mensch, denn wir sind kreative Wesen, und um zu erschaffen, brauchen wir Probleme. Wattles sieht ganz wie moderne Denker und überzeugte Buddhisten das Problem nicht als unüberwindliche Schwierigkeit, sondern einfach als Auslöser des kreativen Schöpfungsmechanismus. Beide sind Teil der Existenz des Beobachters, und so trägt das Problem seine Lösung nicht nur in sich selbst, sondern es will sie und *braucht* sie. Über das Defizit des Beobachters wird kreative Kraft zu Materialisierung angeregt und formt so die Dinge, die uns umgeben, die wir lieben und die wir benötigen, um uns vervollkommnen.

Wie alle klugen Männer und Frauen bleibt Wattles nicht einzig bei der Religion. Er beginnt, die Philosophien der Zeiten und Länder zu studieren, und wie bei den alten Griechen ist sein Weltverständnis nicht getrennt. Er scheidet Wissenschaft und Religion nicht. Aus beiden Richtungen sucht er nach dem Ursprung des Universums. Wie bei den alten Griechen besteht seine Philosophie nicht unabhängig von Religion, vielmehr durchdringen beide einander. Was er am Ende „Wissenschaft“ nennt, entspricht nicht der modernen Trennung zwischen rationaler Forschung und Glauben. Es ist eine Integration der beiden, um auf eine höhere Ebene zu gelangen. Und er schafft diesen

Emergenzsprung, der in „Die Wissenschaft des Reichwerdens" seinen Höhepunkt findet. Seine Wissenschaft steht nicht im Streit mit der Theologie, seine Weltvision trennt den menschlichen Geist nicht von sich selbst. Er wendet seine Wissenschaft als Methode an, um seine Philosophie in die Praxis zu überführen.

Damit wird Wattles zu einem Begründer neuen Denkens, und es nimmt nicht Wunder, dass Welterfolge wie „The Secret" sich auf „Die Wissenschaft des Reichwerdens" stützen.

Wie Anaxagoras geht Wattles von einem Denkstoff aus. Anaxagoras nennt ihn „nous", den unendlichen, selbstherrlichen Geist, aus dem die *Urmischung* entsteht, aus welcher alle Dinge entspringen. Wo bei Anaxagoras aber „nous" keinen intentionalen Anteil an den Dingen hat, ist der *Denkstoff* Wattles' der unendliche Geist, Gott, das Höhere, der selbst an der Entstehung der Dinge interessiert ist und aus dem durch *Idee und Überzeugung* alles Dingliche erschaffen wird.

„Gott will, dass wir Dinge besitzen, schöne Dinge, dass wir uns selbst erfüllen – und indem wir einen Schritt auf Gott zugehen, kommt er uns drei Schritte entgegen", könnte man als Kernaussage Wattles' formulieren.

„Die Wissenschaft des Reichwerdens" ist nicht nur eine Anleitung dazu, zu Geld und schönen Dingen zur Selbsterfüllung zu gelangen, sondern sie bereitet ein für allemal aller Armut ein Ende, indem sie zunächst die *geistige Armut* beseitigt. Diese geistige Armut besteht nicht in Dummheit, sondern in Ignoranz, und diese führt Wattles darauf zurück, dass sich der Mensch auf die falschen Dinge konzentriert.

Alles kommt mit Leichtigkeit auf uns zu, wenn unser Denken richtig ausgerichtet ist. Die richtige Ausrichtung ist Konzentration auf das Schöpferische, Vertrauen und Überzeugung. Es ist immer leichter, mit etwas aufzuhören, als sich dazu zu zwingen, irgendetwas zu beginnen. Und indem die Menschen damit aufhören zu glauben, ihnen stünde nicht zu, was doch Gott selbst von ihnen will, nämlich sich ganz zu erfüllen, stehen ihnen alle Kräfte des Universums doppelt und dreifach zur Verfügung.

Faszinierend ist nicht nur Wattles' Passung zu tradierten und modernen westlichen Philosophien, sondern auch seine spirituelle und philosophische Übereinstimmung mit asiatischen Meistern des Denkens.

So finden wir in den Yoga-Sutras des Patanjali folgende Aussage:

„Der Herr des Denkvermögens, der Wahrnehmende, ist stets des ständig aktiven Denkstoffes gewahr."

Patanjali sieht das Ziel des Erkennens des Denkstoffes in der Wahrnehmung des Selbst. Es ist das zunehmende Erkennen, das konsequent in die Erleuchtung führt und führen muss. Das Erkennen des Selbst ist das Erforschen des Selbst, und Wattles folgerte ganz richtig, dass wir als dinglich ausgerichtete Wesen uns selbst nicht nur in unserem Geiste erkennen, sondern uns erkennen, indem wir unsere Fähigkeiten explorieren. Diesen Gedanken richtig zu Ende gedacht, können wir das Dingliche nicht ausschließen und jede Form der Beschränkung des Dinglichen führt unweigerlich in die Beschränkung der Selbsterkenntnis.

Reichtum wird zur spirituellen Wahrheit und Notwendigkeit! – Ein Gedanke, der umso beeindruckender wird, je mehr wir uns verinnerlichen, dass es sich bei Wattles um ein Kind unserer eigenen Konditionierung handelt, die im materiellen Reichtum nicht selten die Verkörperung des Bösen sehen möchte, ein Denken, das in uns allen wurzelt und dort üble Früchte trägt. Neid, Eifersucht, Hass ... sie alle sind nicht die Ursünde, sondern die Ursünde – so man diesen Terminus überhaupt noch verwenden möchte – ist die Armut, das Glauben an Armut, die Verherrlichung der Armut.

Bei Wattles ist der Mensch ein schöpferisches Zentrum. Sein „nous" steht im Kern aller Dinge, bringt alle Dinge hervor und ist immer doch größer als alle Dinge. Gelangen wir in Übereinstimmung mit „nous", dem *Denkstoff*, dem ewig Lebendigen, gelangen wir automatisch in Übereinstimmung mit uns selbst.

Wirtschaftswissenschaftlich betrachtet, ist Wattles Makro- und nicht Mikroökonom. Nur so kann eine seiner wichtigsten Aussagen darüber, wie das Schöpferische seinen Ausdruck in den schönen Dingen, die wir uns wünschen und die wir für unsere Selbsterfüllung benötigen, finden kann, nämlich einzig dadurch, dass wir grundsätzlich auf jegliches Wettstreitdenken verzichten, logisch sein. Wattles hegt nicht die Auffassung, die Welt sei ein Zweitausend-Seelen-Dorf, in dem es nur eine begrenzte Anzahl von Bäckern geben kann ... seine Welt ist unendlich. Geschaffen werden kann überall und unendlich viel. Nichts ist begrenzt. Man muss insbesondere folgenden Zusammenhang inhaltlich korrekt verstehen: Wattles bezeichnet Wettstreit und Wettstreitdenken, die einen mit ihren einschränkenden Perspektiven vom erschaffenden, phantasievollen und vermehrenden Denken abschneiden, als der Weiterentwicklung und dem Vorwärtskommen im Leben hinderlich, nicht das Auftauchen gleicher Anbieter in jenem unendlichen Markt, den das Schöpferische bietet. Gemeint ist mit Wettstreitdenken das Ausgehen von Begrenzung, von Enge, davon, dass andere einem etwas wegnehmen können oder dass man anderen etwas wegnehmen muss. Wo mehrere Anbieter sind, entwickelt sich immer Vielfalt und immer das Besondere, so wie es dieses Buch hier in verschiedenen Ausgaben auf dem amerikanischen und deutschen Markt gibt und jede Ausgabe ihre stets wachsende Leserschaft genau dort findet, wo jeder einzelne Leser davon überzeugt ist, in eben dieser seiner Ausgabe genau das zu finden, was Wattles „jemandem mehr an Gebrauchswert als an Geldwert geben" nennt.

Ein Wort muss zur Sprache Wattles' und damit auch zu der vorliegenden Übersetzung gesagt werden. Wattles fügt in vielen Fällen hintenan, was sprachlich-stilistisch besser in der Mitte ausgedrückt wäre, um den Kern seiner Aussagen nicht zu verwässern. Ralf Löffler hat bei der Übertragung aus dem Amerikanischen darauf geachtet, diesem Stil Wattles' zu folgen. Das Ergebnis ist teilweise etwas komplizierter, als man es heutzutage modern ausdrücken würde, aber es ergibt durchaus Sinn: Wattles hilft dabei, eine *neue Konditionierung* aufzubauen, und wie jeder weiß, der schon einmal mit Affirmationen gearbeitet hat, muss diese das Zentrale betonen, damit es im Bewusstsein wirken kann, und das weniger Wichtige hinten anfügen, damit es als Ergänzung verstanden wird, ohne die Zentralaussage kontextual zu verrücken.

Schließen wir mit einer Wahrheit moderner Philosophie und Psychologie:

Man gelangt leichter von der Intelligenz zur Intuition als von der Intelligenz zur Überzeugung, denn die Überzeugung wurzelt nur zu einem sehr kleinen Teil im logisch-bewussten Verständnis, wohingegen die Intuition aus den Tiefen unseres Seins hervorsprudelt und deshalb am besten die Überzeugung zu stärken vermag.

Deshalb wendet der kluge Mensch wissenschaftliche Prinzipien nicht um ihrer selbst Willen an, sondern um Intuition und Überzeugung zu fundieren. Das wissenschaftliche Prinzip ist erfolgsorientiert, und Erfolg steigert Überzeugung und gesteigerte Überzeugung wiederum macht den Weg frei für ein Mehr an Intuition.

Gitta Peyn, Egenhausen im Februar 2008

Vorwort

DIESES BUCH IST PRAGMATISCH, NICHT PHILOSOPHISCH – ein praktisches Handbuch, keine Abhandlung über Theorien. Es ist für die Männer und Frauen geschrieben, deren dringlichstes Bedürfnis in Geld besteht, die zuerst reich werden wollen, um danach dann zu philosophieren. Es ist für jene, die Ergebnisse wünschen und die gewillt sind, die Folgerungen der Wissenschaft als Handlungsbasis anzunehmen, ohne in vollem Umfang in die Verfahrensweisen einzusteigen, durch die diese Folgerungen erreicht wurden.

Es wird erwartet, dass der Leser den fundamentalen Aussagen Vertrauen entgegenbringt, genau so wie er es mit Aussagen über ein Elektrizitätsgesetz hielte, würden sie von Marconi oder Edison vorgebracht, und dass er, auf die Aussagen vertrauend, ihre Wahrheit beweist, indem er nach ihnen handelt, ohne Furcht und ohne zu zögern. Ein jeder, ob Mann oder Frau, der dies tut, wird mit Sicherheit reich werden, denn die hier angewandte Wissenschaft ist eine exakte Wissenschaft und Fehlschlag ist unmöglich.

Beim Schreiben dieses Buches habe ich jegliche andere Erwägung der Direktheit und Einfachheit des Stils geopfert, so dass alle es verstehen können. Der hier dargelegte Handlungsplan wurde aus den Schlüssen der Philosophie abgeleitet. Er wurde gründlich getestet und hält dem größten und letzten Test, dem des praktischen Experiments, stand: Er funktioniert.

Hochachtungsvoll,

W.D. Wattles

Kapitel 1

Das Recht reich zu sein

WAS IMMER AUCH ZUM LOBE DER ARMUT GESAGT WERDEN MAG, die Tatsache verbleibt, dass es nicht möglich ist, ein wirklich vollkommenes und erfolgreiches Leben zu leben, außer man ist reich. Niemand kann zu der ihm größtmöglichen Höhe an Talent oder Seelenentwicklung heranwachsen, außer er hat genug Geld, denn um die Seele zu entfalten und Talent zu ent-wickeln, muss er viele Dinge zum Gebrauch zur Verfügung haben, und er kann diese Dinge nicht haben, außer er hat Geld, um sie damit zu kaufen.

Eine Person entwickelt sich in Bewusstsein, Seele und Körper, indem sie sich Dinge zu Nutze macht, und die Gesellschaft ist so organisiert, dass der Mensch Geld haben muss, um in den Besitz von Dingen zu gelangen. Deshalb muss die Basis allen Fortschritts die Wissenschaft des Reichwerdens sein.

Das Ziel allen Lebens ist Entwicklung, und alles, was lebt, hat ein unveräußerliches Recht auf all die Entwicklung, die es fähig ist zu erlangen.

Das Recht einer Person auf Leben impliziert ihr Recht auf freie und unbeschränkte Benutzung all der Dinge, die für ihre vollständige mentale, spirituelle und physische Entfaltung notwendig sein mögen – oder, in anderen Worten, ihr Recht darauf reich zu sein.

Ich werde in diesem Buch nicht auf metaphorische Weise von Reichtümern sprechen. Wirklich reich zu sein, bedeutet nicht, mit wenig zufrieden zu sein oder sich damit zu begnügen. Niemand sollte mit wenig zufrieden sein, wenn er fähig ist, mehr zu benutzen und sich an mehr zu erfreuen. Der Zweck der Natur ist der Fortschritt und die Entfaltung des Lebens, und jeder sollte all das haben, was zu Kraft,

Eleganz, Schönheit und Vielfalt des Lebens beitragen kann. Sich mit weniger zu begnügen ist sündhaft.

Die Person, die all das besitzt, dessen sie bedarf, um all das Leben zu leben, das sie zu leben fähig ist, ist reich, und eine Person, die nicht genug Geld hat, kann nicht all das haben, dessen sie bedarf. Das Leben ist so weit fortgeschritten und so komplex geworden, dass sogar die einfachsten Männer und Frauen über großen Wohlstand verfügen müssen, um auf eine Art und Weise leben zu können, die Vollkommenheit auch nur nahe kommt. Jede Person möchte natürlich all das werden, was sie fähig ist zu werden. Der Wunsch, angeborene Möglichkeiten zu realisieren, ist der menschlichen Natur inhärent, wir können einfach nicht anders, als uns zu wünschen, all das zu sein, was wir sein können. Erfolg im Leben heißt, das zu werden, was du sein möchtest. Nur dadurch, dass du dir Dinge zu Nutze machst, kannst du werden, was du sein möchtest, und freien Zugriff auf die Dinge kannst du nur haben, so du reich genug wirst, sie zu kaufen. Die Wissenschaft des Reichwerdens zu verstehen, ist deshalb das essenziellste allen Wissens.

Es ist nichts falsch an dem Wunsch reich zu werden. Der Wunsch nach Reichtümern ist tatsächlich der Wunsch nach einem reichhaltigeren, erfüllteren und vielfältigeren Leben – und dieser Wunsch ist lobenswert. Die Person, die sich nicht wünscht, vielfältiger zu leben, ist abnorm und ebenso abnorm ist die Person, die sich nicht wünscht, genügend Geld zu haben, um all das zu kaufen, was ihr fehlt.

Es gibt drei Motive, für die wir leben: Wir leben für den Körper, wir leben für das Bewusstsein, wir leben für die Seele. Keines von diesen ist besser oder heiliger als das andere, alle sind gleichermaßen wünschenswert und keines der drei – Körper, Bewusstsein oder Seele – kann erfüllt leben, wenn eines der anderen an erfülltem Leben und Ausdruck beschnitten wird. Es ist nicht richtig oder nobel, nur für die Seele zu leben und Bewusstsein oder Körper zu verleugnen, und es ist falsch, für den Intellekt zu leben und Körper und Seele zu verleugnen.

Wir alle kennen die widerlichen Konsequenzen eines Lebens für den Körper und der Verleugnung von Bewusstsein und Seele, und wir sehen, dass *wirkliches* Leben den vollständigen Ausdruck all dessen bedeutet, was eine Person durch Körper, Bewusstsein und Seele hervorbringen kann. Was immer jemand auch sagen mag, niemand kann wirklich glücklich und zufrieden sein, wenn nicht sein Körper hinsichtlich jeglicher seiner Funktionen erfüllt lebt und wenn nicht das gleiche auch für sein Bewusstsein und seine Seele zutrifft. Wo immer es unausgedrückte Möglichkeiten gibt oder nicht ausgeführte Funktionen, dort gibt es unbefriedigte Begierde. Begierde ist Möglichkeit, die nach Ausdruck, oder Funktion, die nach Ausführung sucht.

Eine Person kann nicht körperlich erfüllt leben ohne gute Nahrung, bequeme Kleidung und warme Unterkunft, und ohne von überharter Arbeit befreit zu sein. Ruhe und Erholung sind ebenso notwendig für ihr physisches Leben.

Man kann nicht geistig erfüllt leben ohne Bücher und die Zeit, sie zu studieren, ohne die Gelegenheit zu reisen und zu beobachten oder ohne intellektuelle Gesellschaft.

Um geistig erfüllt zu leben, muss eine Person intellektuelle Erholung haben und sie muss sich mit all den Gegenständen der Kunst und der Schönheit umgeben, die sie fähig ist zu nutzen und zu schätzen.

Um seelisch erfüllt zu leben, muss eine Person Liebe haben, und durch Armut wird Liebe ihr vollster Ausdruck verwehrt.

Die höchste Freude einer Person findet sich im Erweisen von Wohltaten jenen gegenüber, die sie liebt. Liebe findet ihren natürlichsten und spontansten Ausdruck im Geben. Ein Individuum, das nichts zu geben hat, kann seinen Platz als Gatte oder Elternteil, als Bürger oder als menschliches Wesen nicht ausfüllen. Es geschieht im Gebrauch materieller Gegenstände, dass eine Person ein erfülltes Leben für ihren Körper findet, ihr Bewusstsein entwickelt und ihre Seele entfaltet. Deshalb ist es für jedes Individuum von höchster Wichtigkeit reich zu sein.

Es ist vollkommen richtig, dass du dir wünschen solltest reich zu sein. Wenn du ein normaler Mann oder eine normale Frau bist, kannst du gar nicht anders. Es ist vollkommen richtig, dass du der Wissenschaft des Reichwerdens deine vollste Aufmerksamkeit schenken solltest, denn sie ist das nobelste und notwendigste aller Studien. Wenn du dieses Studium vernachlässigst, versagst du in deiner Pflicht dir selbst gegenüber, Gott gegenüber und der Menschheit gegenüber, denn du kannst Gott und der Welt keinen größeren Dienst erweisen, als das Beste aus dir selbst zu machen.

Kapitel 2

Es gibt eine Wissenschaft des Reichwerdens

Es gibt eine Wissenschaft des Reichwerdens, und sie ist eine exakte Wissenschaft, ebenso wie Algebra oder Arithmetik. Es gibt bestimmte Gesetze, die den Prozess des Erwerbs von Reichtümern beherrschen, und wenn jemand diese Gesetze einmal lernt und befolgt, wird diese Person mit mathematischer Sicherheit reich werden.

Der Besitz von Geld und Eigentum resultiert als ein Ergebnis dessen, die Dinge auf eine bestimmte Weise zu tun, und jene, die die Dinge auf diese bestimmte Weise tun – ob absichtlich oder zufällig – werden reich, während jene, die die Dinge nicht auf diese bestimmte Weise tun – egal wie hart sie arbeiten oder wie fähig sie sind – arm bleiben.

Es ist ein Naturgesetz, dass gleichartige Ursachen stets gleichartige Wirkungen hervorbringen, und deshalb wird ein jeder, ob Mann oder Frau, der lernt, die Dinge auf diese bestimmte Weise zu tun, unfehlbar reich werden.

Dass die obige Aussage wahr ist, demonstrieren die folgenden Fakten:

Reichwerden ist keine Frage des Umfeldes, denn wenn es so wäre, würden alle Leute in bestimmten Nachbarschaften wohlhabend werden. Die Leute der einen Stadt wären alle reich, während die anderer Städte alle arm wären, oder all die Einwohner des einen Staates würden in Überfluss schwelgen, während die eines angrenzenden Staates sich in Armut befänden.

Überall jedoch sehen wir Reich und Arm Seite an Seite leben, im gleichen Umfeld und häufig in den gleichen Berufen tätig. Wenn zwei Leute sich am gleichen Ort befinden und im gleichen Geschäft sind und wenn der eine von ihnen reich wird, während der andere arm bleibt, zeigt das, dass Reichwerden nicht primär eine Frage des Umfeldes ist. Einige Umfelder mögen vorteilhafter sein als andere, aber wenn zwei Leute im gleichen Geschäft in der gleichen Nachbarschaft leben, und der eine wird reich, während der andere fehlt, indiziert das, dass Reichwerden das Ergebnis dessen ist, die Dinge auf eine bestimmte Weise zu tun.

Und darüber hinaus ist die Fähigkeit, die Dinge auf diese bestimmte Weise zu tun, nicht einzig vom Besitz von Talent abhängig, denn viele Leute, die großes Talent haben, bleiben arm, während andere, die sehr wenig Talent haben, reich werden.

Studieren wir die Leute, die reich geworden sind, stellen wir fest, dass sie in jeder Hinsicht eine Durchschnittsgruppe bilden und keine größeren Talente und Fähigkeiten haben als andere Leute. Es ist offensichtlich, dass sie nicht reich werden, weil sie Talente und Fähigkeiten besitzen, die andere nicht haben, sondern weil es ihnen schlicht passiert, die Dinge auf eine bestimmte Weise zu tun.

Reichwerden ist nicht das Ergebnis von Ansparen oder großer Sparsamkeit. Viele sehr geizige Leute sind arm, während Leute die ihr Geld freizügig ausgeben oftmals reich werden.

Noch ist Reichwerden davon abhängig, Dinge zu tun, die andere unfähig sind zu tun. Denn oftmals tun zwei Leute, die im gleichen Geschäft sind, beinahe genau die selben Dinge und der eine wird reich, während der andere arm bleibt oder bankrott geht.

Von alledem ausgehend, müssen wir zu dem Schluss kommen, dass Reichwerden das Ergebnis dessen ist, die Dinge auf eine bestimmte Weise zu tun.

Wenn Reichwerden das Ergebnis dessen ist, die Dinge auf eine bestimmte Weise zu tun, und wenn gleichartige Ursachen stets gleichartige Wirkungen hervorbringen, dann kann jeder Mann und jede Frau, der/die die Dinge auf diese Weise tun kann, reich werden, und die ganze Angelegenheit ist in den Wirkbereich der exakten Wissenschaft gebracht.

Hier erhebt sich die Frage, ob diese bestimmte Weise nicht eventuell so schwierig sein mag, dass nur wenige diesen Weg verfolgen können. Wie wir gesehen haben, kann das nicht wahr sein (insofern natürliche Fähigkeiten betroffen sind). Talentierte Leute werden reich und Holzköpfe werden reich. Intellektuell brillante Leute werden reich und sehr dumme Leute werden reich. Physisch starke Leute werden reich und schwache und kränkliche Leute werden reich.

Ein gewisses Maß an Fähigkeit zu denken und zu verstehen ist natürlich essentiell, aber soweit es natürliche Fähigkeiten anbelangt, kann jeder Mann und jede Frau, der/die Verstand genug hat, diese Worte zu lesen und zu begreifen, mit Sicherheit reich werden.

Wir haben auch gesehen, dass es keine Frage des Umfeldes ist. Ja, der Ort zählt schon was. Man würde sich nicht ins Herz der Sahara begeben und erwarten, dort erfolgreiche Geschäfte zu tätigen.

Reichwerden involviert die Notwendigkeit, mit Leuten zu handeln und dort zu sein, wo es Leute gibt, mit denen man handeln kann, und wenn diese Leute bereit sind, auf die Weise zu handeln, auf welche du handeln willst, umso besser. Aber das ist es dann auch, soweit es das Umfeld anbelangt. Wenn irgendjemand anders in deiner Stadt reich werden kann, kannst du es auch, wenn irgendjemand anders in deinem Staat reich werden kann, kannst du es auch.

Nochmals, es ist keine Frage dessen, ein besonderes Geschäft oder einen besonderen Beruf zu wählen. Leute werden in jedem Geschäft und in jedem Beruf reich, während ihre direkten Nachbarn in genau dem gleichen Gewerbe in Armut verbleiben.

Es ist wahr, dass du dich in einem Geschäft, das du magst und das deinen Bedürfnissen und deiner Natur angemessen ist, am besten machen wirst. Und wenn du bestimmte Talente hast, die gut entwickelt sind, wirst du dich am besten in einem Geschäft machen, das die Ausübung dieser Talente erfordert.

Auch wirst du dich am besten in einem Geschäft machen, das zu deinem Standort passt: Eine Eisdiele läuft besser in einem warmen Klima als in Grönland, und eine Lachsfischerei wird im Nordwesten größeren Erfolg haben als in Florida, wo es keine Lachse gibt.

Aber abgesehen von diesen allgemeinen Limitationen ist Reichwerden nicht davon abhängig, dass du dich in einem besonderen Geschäft engagierst, jedoch davon, dass du lernst, die Dinge auf eine bestimmte Weise zu tun. Wenn du nun im Geschäft bist und irgendjemand anders an deinem Standort im gleichen Geschäft reich wird, während du *nicht* reich wirst, liegt das einfach daran, dass du die Dinge nicht auf die gleiche Weise tust, wie die andere Person sie tut.

Niemand wird durch Mangel an Kapital am Reichwerden gehindert. Es ist wahr, sobald du an Kapital kommst, wird Wachstum leichter und geht schneller von statten, aber jemand, der Kapital hat, ist bereits reich und braucht nicht darüber nachzudenken, wie er es werden kann.

Egal wie arm du auch sein magst, wenn du anfängst, die Dinge auf die bestimmte Weise zu tun, wirst du anfangen reich zu werden und du wirst anfangen Kapital zu haben. Kapital zu bekommen ist ein Teil des Prozesses des Reichwerdens und es ist ein Teil des Ergebnisses, das unabänderlich daraus folgt, die Dinge auf die bestimmte Weise zu tun.

Du magst die ärmste Person auf dem ganzen Kontinent und hoch verschuldet sein. Du magst weder Freunde noch Einfluss noch Ressourcen haben, aber wenn du anfängst, die Dinge auf diese Weise zu tun, musst du unfehlbar anfangen reich zu werden, denn gleichartige Ursachen *müssen* gleichartige Wirkungen hervorbringen. Wenn du kein Kapital hast, kannst du Kapital beschaffen. Wenn du im falschen Geschäft bist, kannst du ins richtige Geschäft einsteigen. Wenn du am falschen Standort bist, kannst du dich an den richtigen Standort begeben.

Und du kannst dies tun, indem du damit anfängst, in deinem gegenwärtigen Geschäft und an deinem gegenwärtigen Standort die Dinge auf die bestimmte Weise zu tun, die immer Erfolg bringt. Du musst anfangen, in Harmonie mit den Gesetzen zu leben, die das Universum beherrschen.

Kapitel 3

Ist Gelegenheit monopolisiert?

Niemand wird arm gehalten, weil andere Leute den Wohlstand monopolisiert haben und einen Zaun um ihn herum gezogen haben. Möglicherweise bist du von bestimmten Wegen, um ins Geschäft einzusteigen, abgeschnitten, aber es gibt andere Kanäle, die dir offenstehen.

In unterschiedlichen Perioden verläuft die Tide der Gelegenheiten in unterschiedlichen Richtungen, entsprechend der Bedürfnisse des Ganzen und je nach der speziellen Stufe sozialer Evolution, die erreicht worden ist. Es gibt einen Überfluss an Gelegenheiten für die Person, die gewillt ist, mit der Tide zu gehen, anstatt zu versuchen, gegen sie anzuschwimmen.

Also werden Arbeiter nicht von den Gelegenheiten ferngehalten, weder als Individuen noch als Klasse. Die Arbeiter werden nicht von ihren Herren „niedergehalten", sie werden nicht von Trusts und Großkonzernen „zu Boden gedrückt". Als eine Klasse sind sie, wo sie sind, weil sie die Dinge nicht auf eine bestimmte Weise tun.

Die Arbeiterklasse kann Herrenklasse werden, wann immer die Arbeiter anfangen, die Dinge auf eine bestimmte Weise zu tun. Das Gesetz des Wohlstandes ist für sie das gleiche wie für alle anderen. Dies müssen sie lernen, und sie werden bleiben, wo sie sind, solange sie damit fortfahren zu tun, was sie tun. Der einzelne Arbeiter jedoch wird nicht durch die Ignoranz einer ganzen Klasse diesen Gesetzen gegenüber zurückgehalten, er kann der Tide der Gelegenheiten auf Reichtümer folgen, und dieses Buch wird ihm sagen wie.

Niemand wird durch eine Knappheit in Vorrat an Reichtümern in Armut gehalten. Es gibt mehr als genug für alle. Ein Palast so groß wie das Capitol in Washington könnte für jede Familie auf der Erde gebaut werden, allein aus den Baumaterialien in den Vereinigten Staaten. Und bei intensiver Kultivierung würde dieses Land genug Wolle, Baumwolle, Leinen und Seide produzieren, um jede Person auf der Erde feiner zu kleiden, als Salomo in all seiner Pracht ausgestattet war, das zusammen mit genug Nahrung, um sie alle luxuriös zu speisen.

Der sichtbare Vorrat ist praktisch unerschöpflich, und der unsichtbare Vorrat *ist wirklich* unerschöpflich.

Alles, was du auf der Erde siehst, ist aus einer ursprünglichen Substanz erschaffen, aus der alle Dinge hervorgehen. Andauernd werden neue Formen erschaffen und ältere lösen sich auf, aber alle sind sie Gestalten, die von einem Ding angenommen werden.

Es gibt keine Begrenzung des Vorrats an formlosem Stoff – der ursprünglichen Substanz. Das Universum ist aus ihm erschaffen, aber bei der Erschaffung des Universums wurde nicht alles benutzt. Die Räume in, hindurch und zwischen den Formen des sichtbaren Universums sind durchdrungen und erfüllt von der ursprünglichen Substanz, dem formlosen Stoff – dem Rohmaterial der Dinge. Zehntausendmal so viel, wie bereits gemacht wurde, könnte immer noch gemacht werden und sogar dann sollten wir den Vorrat an universalem Rohmaterial nicht erschöpft haben.

Niemand ist deshalb arm, weil die Natur arm ist oder weil es nicht genug gibt, um auszukommen.

Die Natur ist ein unerschöpfliches Lagerhaus an Reichtümern. Der Vorrat wird nie knapp werden. Die ursprüngliche Substanz ist belebt von schöpferischer Energie und bringt kontinuierlich neue Formen hervor. Wenn der Vorrat an Baumaterial erschöpft ist, wird mehr produziert. Wenn der Boden ausgelaugt ist, so dass Nahrungsmittel und Material für Kleidung nicht länger aus ihm gedeihen, wird er aufgefrischt werden oder mehr Boden wird erschaffen werden. Wenn alles Gold und Silber aus der Erde ausgegraben worden ist, wird, wenn die Menschheit sich immer noch auf einer solchen Stufe sozialer Entwicklung befindet, dass sie an Gold und Silber bedarf, mehr aus dem Formlosen produziert werden. Der formlose Stoff reagiert auf die Bedürfnisse der Menschheit, er wird die Welt nicht ohne irgendetwas Gutes belassen.

Dies ist für den Menschen *kollektiv* wahr. Die Rasse als ein Ganzes ist immer im Überfluss reich, und wenn Individuen arm sind, ist das so, weil sie dem bestimmten Weg, die Dinge zu tun, der das Individuum reich macht, nicht folgen.

Der formlose Stoff ist intelligent. Er ist Stoff, der denkt. Er ist lebendig und stets drängt es ihn zu mehr Leben hin.

Es ist der natürliche und inhärente Impuls des Lebens, danach zu suchen, mehr zu leben. Es ist die Natur der Intelligenz, sich selbst zu vergrößern, und die des Bewusstseins, danach zu suchen, seine Grenzen auszudehnen und vollständigeren Ausdruck zu finden. Das Universum der Formen ist erschaffen worden durch formlose, lebende Substanz, die sich selbst in Form geworfen hat, um sich selbst vollständiger auszudrücken.

Das Universum ist eine große, lebende Präsenz, stets in inhärenter Bewegung hin zu mehr Leben und vollerem Funktionieren.

Die Natur ist für die Weiterentwicklung des Lebens geformt und das sie antreibende Motiv ist das Wachstum des Lebens. Deshalb ist alles, was möglicherweise dem Leben dienlich sein kann, freizügig bereitgestellt. Es kann keinen Mangel geben, wenn Gott nicht vorhat, sich selbst zu widerstehen und seine eigene Arbeit zunichte zu machen.

Du wirst nicht arm gehalten durch Mangel an Vorrat an Reichtümern. Es ist ein Faktum – welches ich etwas weiter unten auch demonstrieren werde – dass sogar die Ressourcen des formlosen Vorrats dem Mann oder der Frau zur Verfügung stehen, der/die auf eine bestimmte Weise handeln und denken wird.

Kapitel 4

Das oberste Prinzip der Wissenschaft des Reichwerdens

DENKEN IST DIE EINZIGE KRAFT, DIE ANFASSBARE REICHTÜMER AUS FORMLOSER SUBSTANZ HERVORBRINGEN KANN. Der Stoff, aus dem alle Dinge erschaffen sind, ist eine Substanz, die denkt, und ein Gedanke an Form in dieser Substanz produziert die Form.

Ursprüngliche Substanz bewegt sich in Übereinstimmung mit ihren Gedanken. Jede Form und jeder Prozess, den du in der Natur beobachtest, ist der sichtbare Ausdruck eines Gedankens in ursprünglicher Substanz. Sobald der formlose Stoff an eine Form denkt, nimmt er diese Form an, sobald er an eine Bewegung denkt, macht er diese Bewegung. Das ist der Weg, auf dem alle Dinge erschaffen werden. Wir leben in einer Gedankenwelt, die Teil eines Gedankenuniversums ist. Der Gedanke an ein sich bewegendes Universum weitete sich durch die formlose Substanz hindurch aus und der Denkstoff[1] – sich in Übereinstimmung mit diesem Gedanken bewegend – nahm die Form von Planetensystemen an und erhält diese Form. Denksubstanz[2] nimmt die Form ihres Denkens an und bewegt sich in Übereinstimmung mit dem Denken.

Die Idee eines zirkulierenden Systems von Sonnen und Welten aufrecht haltend, nimmt sie die Form dieser Körper an und bewegt sie, wie sie denkt. Die Idee einer langsam wachsenden Eiche denkend, bewegt sie sich entsprechend und bringt den Baum hervor, wenn auch Jahrhunderte erforderlich sein mögen, um die Arbeit zu tun. Im Erschaffen scheint sich das Formlose entsprechend der Linien, die es etabliert hat,

1 Anm.d.Übers.: alternativ „der denkende Stoff". Bei ähnlichen Wortkonstruktionen sollte die entsprechende Alternativinterpretation berücksichtigt werden.

2 Anm.d.Übers.: alternativ „denkende Substanz", vgl.o.

zu bewegen. In anderen Worten: Der Gedanke an eine Eiche verursacht nicht die sofortige Formung eines voll ausgewachsenen Baumes, sondern setzt die Kräfte in Bewegung, welche den Baum hervorbringen werden, entlang der etablierten Linien des Wachstums.

Jeder Gedanke an Form, aufrechterhalten in Denksubstanz, verursacht die Erschaffung der Form, aber stets, oder zumindest im Allgemeinen, entlang der Linien des Wachstums und der Handlung, die bereits etabliert sind.

Der Gedanke an ein Haus von bestimmter Konstruktion, würde er der formlosen Substanz aufgeprägt, verursachte möglicherweise nicht die sofortige Formung des Hauses, aber er verursachte die Wendung des Flusses kreativer Energien, die bereits in Handel und Gewerbe wirken, in solche Kanäle, die zum schnellen Bau des Hauses führen. Und gäbe es keine existierenden Kanäle, durch die die kreative Energie wirken könnte, dann würde das Haus direkt aus der uranfänglichen Substanz geformt, ohne auf die langsamen Prozesse der organischen und anorganischen Welt zu warten.

Kein Gedanke an Form kann der ursprünglichen Substanz aufgeprägt werden, ohne die Erschaffung der Form zu verursachen.

Eine Person ist ein denkendes Zentrum und kann Denken hervorbringen. All die Formen, die eine Person mit ihren Händen gestaltet, müssen zuerst in ihrem Denken existieren. Sie kann keinem Ding Form geben, bevor sie das Ding *gedacht* hat.

Bislang hat die Menschheit ihre Bemühungen gänzlich auf die Arbeit ihrer Hände beschränkt, indem sie Handarbeit auf die Welt der Formen anwandte und versuchte jene, die bereits existierten, auszutauschen oder zu modifizieren. Die Menschheit hat nie daran gedacht zu versuchen, die Schöpfung neuer Formen zu verursachen, indem sie der formlosen Substanz Denken aufprägt.

Wenn eine Person eine Denk-Form hat, nimmt sie Material von den Formen der Natur und macht ein Abbild der Form, die in ihrem Bewusstsein ist. Die Leute haben bisher wenig oder gar keine Anstrengung unternommen, um mit formloser Intelligenz zu kooperieren – „mit dem Vater" zu arbeiten. Der Einzelne hat sich nicht erträumt, dass er „tun, was er den Vater tun sieht" kann. Ein Individuum wiedergestaltet und modifiziert existierende Formen durch Handarbeit, und es hat der Frage, ob es möglicherweise Dinge aus formloser Substanz hervorbringen kann, indem es seine Gedanken mit ihr kommuniziert, keine Aufmerksamkeit geschenkt.

Wir beabsichtigen zu beweisen, dass es dies tun kann – zu beweisen, dass ein *jeder* Mann und eine *jede* Frau dies tun kann – und zu zeigen wie. Als unseren ersten Schritt müssen wir drei fundamentale Propositionen niederlegen.

Erstens, wir versichern, dass es einen ursprünglichen, formlosen Stoff (oder Substanz) gibt, aus dem alle Dinge gemacht sind. All die scheinbar vielen Elemente sind lediglich verschiedene Präsentationen eines Elementes. All die vielen Formen, die in der organischen und anorganischen Natur gefunden werden, sind lediglich verschiedene Gestalten, gemacht aus demselben Stoff. Und dieser Stoff ist Denkstoff[3] – *ein Gedanke, der in ihm aufrecht erhalten wird, bringt die Form des Gedankens hervor*. Denken, in Denksubstanz, produziert Gestalt. Ein menschliches Wesen ist ein denkendes Zentrum, fähig zu ursprünglichem Denken.[4] Wenn eine Person ihr Denken der ursprünglichen Denksubstanz mitteilen kann, dann kann sie die Erschaffung oder Formung des Dings, an das sie denkt, verursachen. Um dies zusammenzufassen:

Es gibt einen Denkstoff, aus dem alle Dinge gemacht sind und der, in seinem ursprünglichen Zustand, die Zwischenräume des Universums durchströmt, durchdringt und erfüllt.

Ein Gedanke in dieser Substanz produziert das Ding, das durch den Gedanken abgebildet wird.

Eine Person kann in ihrem Denken Dinge formen und, indem sie ihr Denken auf formlose Substanz aufprägt, kann sie verursachen, dass das Ding, über das sie nachdenkt, erschaffen wird.

Man mag fragen, ob ich diese Behauptungen beweisen kann, und ohne in Details zu gehen, antworte ich, dass ich dies tun kann, sowohl durch Logik wie auch durch Erfahrung.

Rückwärts schließend von den Phänomenen der Form und des Denkens, gelange ich zu der einen ursprünglichen Denksubstanz und, vorwärts schließend von dieser Denksubstanz, gelange ich zu der Macht

3 Anm.d.Übers.: alternativ „denkender Stoff", vgl.o. ...

4 Anm.d.Übers.: d.h. (auch) fähig zu Denken, das selbst Ursprung von Form, Gestalt, ... ist.

einer Person, die Formung der Dinge, über die sie nachdenkt, zu verursachen.

Und im Experiment finde ich das Schließen bewahrheitet. Dies ist mein stärkster Beweis.

Wenn eine Person, die dieses Buch liest, reich wird, indem sie tut, was es ihr sagt, das sie tun soll, dann ist das ein Indiz, das meinen Anspruch unterstützt, aber wenn *jede* Person, die *tut, was es ihr sagt, das sie tun soll*, reich wird, dann ist das der positive Beweis, bis jemand den Prozess durchläuft und fehlt. Die Theorie ist wahr, bis der Prozess fehlt, und dieser Prozess wird nicht fehlen, denn jeder, *der genau das tut, was dieses Buch ihm sagt, das er tun soll*, wird reich werden.

Ich habe gesagt, dass Leute reich werden, indem sie die Dinge auf eine bestimmte Weise tun, und um dies zu tun, müssen die Leute fähig werden, auf eine bestimmte Weise zu denken.

Die Weise einer Person, die Dinge zu tun, ist das direkte Resultat der Weise, wie sie über die Dinge nach*denkt*.

Um die Dinge auf die Weise zu tun, wie du sie tun möchtest, musst du die Fähigkeit erwerben, auf die Weise zu denken, wie du denken möchtest. Das ist der erste Schritt hin zum Reichwerden.

Und zu denken, was du denken *möchtest*, heißt die WAHRHEIT zu denken, ohne Rücksicht auf den Anschein.

Jedes Individuum hat die natürliche und inhärente Kraft zu denken, was es zu denken wünscht, aber es erfordert bei weitem mehr Anstrengung, dies zu tun, als die Gedanken zu denken, die der Anschein suggeriert. In Übereinstimmung mit dem Anschein zu denken, ist leicht, die

Wahrheit zu denken, ohne Rücksicht auf den Anschein, ist mühsam und erfordert die Investition von mehr Kraft als irgendeine andere Arbeit, die man uns zu tun auffordert.

Es gibt keine Arbeit, vor der die meisten Menschen so sehr zurückschrecken, wie sie es vor der des ausgedehnten und wiederholten Nachdenkens tun. Es ist die härteste Arbeit der Welt. Dies ist ganz besonders wahr, wenn die Wahrheit im Gegensatz zum Anschein steht.

Jeder Anschein in der sichtbaren Welt tendiert dazu, in dem Bewusstsein, das ihn beobachtet, eine korrespondierende Form zu produzieren, und dies kann nur verhindert werden, indem man den Gedanken an die WAHRHEIT aufrecht hält.

Die Erscheinungsbilder der Armut zu betrachten wird korrespondierende Formen in deinem eigenen Bewusstsein produzieren, wenn du nicht an der Wahrheit festhältst, dass es keine Armut gibt, dass es nur Überfluss gibt.

An Gesundheit zu denken, wenn man von den Erscheinungsbildern von Krankheit umgeben ist, oder an Reichtümer zu denken, wenn man sich inmitten von Erscheinungsbildern der Armut befindet, erfordert Kraft, aber wer immer diese Kraft erwirbt, wird ein *Master Mind.*[5] Diese Person kann das Schicksal bezwingen und kann haben, was sie möchte.

---

5 Anm.d.Übers.: *Master* – „Meister, meistern“, *Mind* – „Bewusstsein“. „Meisterbewusstsein“, „meisterndes Bewusstsein“, aber auch „Meister des Bewusstseins“!

Diese Kraft kann nur erworben werden, indem man das grundlegende Faktum begreift, das hinter allen Erscheinungen steht, und dies Faktum ist, dass es eine Denksubstanz gibt, aus der und durch die alle Dinge geschaffen werden.

Dann müssen wir die Wahrheit erfassen, dass *jeder* Gedanke, der in dieser Substanz aufrecht erhalten wird, eine Form wird, und dass der Mensch ihr derart seine Gedanken aufprägen kann, dass er dafür sorgt, dass sie Form annehmen und zu sichtbaren Dingen werden.

Wenn wir dies realisieren, verlieren wir allen Zweifel und alle Furcht, denn wir wissen, dass wir erschaffen können, was wir erschaffen möchten, dass wir bekommen können, was wir haben möchten, und dass wir werden können, was wir werden möchten. Als ersten Schritt hin zum Reichwerden musst du die drei fundamentalen Aussagen, die zuvor in diesem Kapitel gemacht wurden, glauben, und um sie zu betonen, wiederhole ich sie hier:

Es gibt einen Denkstoff, aus dem alle Dinge gemacht sind und der, in seinem ursprünglichen Zustand, die Zwischenräume des Universums durchströmt, durchdringt und erfüllt.

Ein Gedanke in dieser Substanz produziert das Ding, das durch den Gedanken abgebildet wird.

Eine Person kann in ihrem Denken Dinge formen und, indem sie ihr Denken auf formlose Substanz aufprägt, kann sie verursachen, dass das Ding, über das sie nachdenkt, erschaffen wird.

Du musst alle anderen Konzepte vom Universum bei Seite legen und du musst auf diesem bestehen, bis es in deinem Bewusstsein verankert und zu deiner gewohnten Denkweise geworden ist. Lies diese Aussagen wieder und wieder. Fixiere jedes Wort in deinem Gedächtnis und meditiere über sie, bis du fest glaubst, was sie sagen. Wenn Zweifel in dir aufkommt, stoße ihn bei Seite. Höre nicht auf Argumente gegen diese Idee. Besuche keine Kirchen oder Vorlesungen, in denen ein gegensätzliches Konzept der Dinge gelehrt oder gepredigt wird. Lies keine Magazine oder Bücher, die eine andersartige Idee lehren. Wenn du in deinem Verstehen, Glauben und Vertrauen durcheinander gerätst, werden all deine Mühen vergeblich sein.

Frag nicht, warum diese Dinge wahr sind, noch spekuliere darüber, wie es kommt, dass sie wahr sein können. Vertraue ihnen einfach. Die Wissenschaft des Reichwerdens beginnt mit der absoluten Akzeptanz dessen.

Kapitel 5

Leben vermehren

Du musst die letzten Überreste der alten Idee los werden, dass es eine Gottheit gibt, deren Wille es ist, dass du arm sein sollst, oder deren Zwecken dadurch gedient sein mag, dass sie dich in Armut hält.

Die intelligente Substanz, die alles ist und in allem und die in allem lebt und in dir lebt, ist eine bewusst lebende Substanz. Da sie eine bewusst lebende Substanz ist, muss sie die Natur und die inhärente Begierde einer jeden lebenden Intelligenz nach Vermehrung des Lebens besitzen. Jedes lebende Ding muss kontinuierlich nach Ausweitung seines Lebens suchen, denn Leben, im bloßen Akt des Lebens, muss sich selbst vermehren.

Ein Same, der in den Boden fallen gelassen wird, entspringt zu Aktivität und produziert im Akt des Lebens hundert weitere Samen: Leben multipliziert sich selbst, durch Leben. Es wird in Ewigkeit mehr. Es muss dies tun, wenn es überhaupt weiterexistiert.

Intelligenz unterliegt derselben Notwendigkeit nach kontinuierlicher Vermehrung. Jeder Gedanke, den wir denken, macht es für uns notwendig, einen weiteren Gedanken zu denken: Bewusstheit dehnt sich kontinuierlich aus. Jedes Faktum, das wir lernen, führt uns zum Erlernen eines weiteren Faktums: Wissen vermehrt sich kontinuierlich. Jedes Talent, das wir kultivieren, erbringt dem Bewusstsein die Begierde, ein weiteres Talent zu kultivieren. Wir sind dem Drang des Lebens Untertan, der nach Ausdruck sucht, der uns stets weitertreibt, mehr zu wissen, mehr zu tun und mehr zu sein.

Um mehr zu wissen, mehr zu tun und mehr zu sein, müssen wir mehr haben. Wir müssen Dinge haben, um sie zu benutzen, denn wir lernen und tun und werden nur, indem wir Dinge benutzen. Wir müssen reich werden, auf dass wir mehr leben können.

Die Begierde nach Reichtümern ist einfach die Kapazität für ein umfassenderes Leben, die nach Erfüllung sucht. Jede Begierde ist die Bemühung einer unausgedrückten Möglichkeit darum, tätig zu werden. Es ist Kraft, die danach sucht sich zu manifestieren, welche Begierde verursacht. Das, was dich dazu bringt, mehr Geld zu wünschen, ist das gleiche, was die Pflanze dazu bringt zu wachsen – es ist Leben, das nach vollerem Ausdruck sucht.

Die eine lebende Substanz muss diesem inhärenten Gesetz allen Lebens gehorchen. Sie ist durchströmt von der Begierde mehr zu leben, und deshalb untersteht sie der Notwendigkeit, Dinge zu erschaffen. Die eine Substanz ist begierig, mehr in dir und durch dich zu leben. Deshalb wünscht sie dir, dass du all die Dinge hast, die du benutzen kannst.

Es ist das Begehren Gottes, dass du reich werden sollst. Er möchte, dass du reich wirst, weil er sich selbst besser durch dich ausdrücken kann, wenn du genügend Dinge hast, die du benutzen kannst, um ihm Ausdruck zu geben. Er kann mehr in dir leben, wenn du unbegrenzten Zugriff auf die Mittel des Lebens hast.

Das Universum begehrt, dass du alles hast, was du haben möchtest.

Die Natur ist deinen Plänen freundlich gesinnt.

Alles ist natürlicherweise *für* dich.

Mach' dir klar, dass dies wahr ist.

Wie auch immer, es ist wesentlich, dass dein Zweck mit dem Zweck, der in Allem ist, in Harmonie sein sollte.

Du musst wirkliches Leben wollen, nicht nur Spaß oder sinnliche Befriedigung. Leben ist die Erfüllung von Funktion und das Individuum lebt nur wirklich, wenn es jede Funktion erfüllt – physisch, mental und spirituell – derer es fähig ist, ohne Exzess in irgendeiner.

Du möchtest nicht reich werden, um ein schweinisches Leben zu leben, zur Befriedigung animalischer Triebe. Das ist nicht Leben. Aber die Ausübung jeder physischen Funktion *ist* ein Teil des Lebens, und niemand lebt erfüllt, der den Impulsen des Körpers einen normalen und gesunden Ausdruck verwehrt.

Du möchtest nicht reich werden, einzig um mentale Freuden zu genießen, um Wissen zu erwerben, um Ambitionen zu befriedigen, um andere zu überstrahlen, um berühmt zu sein. All diese sind legitimer Teil des Lebens, aber die Person, die für die Freuden des Intellekts allein lebt, wird nur einen Teil des Lebens haben und sie wird nie mit ihrem Los zufrieden sein.

Du möchtest nicht reich werden, einzig zum Wohle anderer, um dich selbst in der Rettung der Menschheit zu verlieren, um die Freuden der Philanthropie und des Opfers zu erfahren. Die Freuden der Seele sind nur ein Teil des Lebens und sie sind nicht besser oder nobler als irgendein anderer Teil.

Du möchtest reich werden, damit du essen kannst, trinken und um fröhlich zu sein, wenn die Zeit gekommen ist, diese Dinge zu tun; damit du dich mit schönen Dingen umgeben kannst, entfernte Länder sehen kannst, dein Bewusstsein nähren und deinen Intellekt entwikkeln kannst; damit du andere lieben und freundliche Dinge tun kannst und in der Lage dazu bist, eine gute Rolle dabei zu spielen, der Welt zu helfen, Wahrheit zu finden.

Aber erinnere, dass extremer Altruismus nicht besser und nicht nobler ist als extreme Selbstsucht, beide sind Fehler.

Werde die Idee los, dass Gott von dir will, dass du dich selbst für andere opferst, und dass du seine Gnade sicherstellen kannst, indem du dies tust. Gott bedarf nichts dergleichen.

Was Gott möchte, ist, dass du das Beste aus dir machst, für dich und für andere. Und du kannst anderen mehr helfen, indem du das Beste aus dir machst, als auf irgendeine andere Weise.

Du kannst nur das Beste aus dir machen, indem du reich wirst, deshalb ist es richtig und lobenswert, dass du deinen ersten und besten Gedanken der Arbeit Wohlstand zu erwerben widmest.

Erinnere jedoch, dass die Begierde der Substanz für *alle* ist, ihre Bewegungen müssen auf mehr Leben für alle hin ausgerichtet sein. Sie kann nicht dazu gebracht werden, für weniger Leben für irgendjemanden zu arbeiten, denn sie ist in allen gleich, Reichtümer suchend und Leben.

Intelligente Substanz wird Dinge für dich tun, aber sie wird nicht jemand anderem Dinge wegnehmen und sie dir geben.

Du musst den Gedanken an Wettstreit loswerden. Du musst erschaffen, nicht wettstreiten um das, was bereits erschaffen ist.

Du musst niemandem irgendetwas wegnehmen.

Du musst keine scharfen Verhandlungen führen.

Du musst nicht betrügen oder deinen Vorteil ausnutzen. Du musst niemanden für weniger für dich arbeiten lassen, als er verdient.

Du musst nicht das Eigentum anderer begehren oder es mit neidischen Blicken betrachten. Niemand hat irgendetwas, wovon du nicht gleichermaßen haben kannst, und dies, ohne ihm das, was er hat, wegzunehmen.

Du bist dabei ein Schöpfer zu werden, kein Wetteiferer. Du wirst bekommen, was du möchtest, aber auf solchem Wege, dass, wenn du es bekommst, jede andere Person, auf die du Wirkung ausübst, dann mehr haben wird, als sie jetzt hat.

Ich bin mir bewusst, dass es jene gibt, die an große Mengen Geldes gelangen, indem sie in direktem Gegensatz zu den Aussagen des obigen Paragraphen vorgehen, und möchte hier einige erklärende Worte anfügen. Individuen dieses Typs, die sehr reich werden, werden es manchmal rein durch ihre außerordentlichen Fähigkeiten auf Ebene des Wettstreits und manchmal verbinden sie sich unbewusst mit der Substanz in ihren großen Absichten und Bewegungen zum Zwecke des allgemeinen Aufbaus durch industrielle Evolution. Rockefeller, Carnegie, Morgan und andere waren die unbewussten Agenten des Höchsten in der notwendigen Systematisierung und Organisation der produktiven Industrie, und am Ende wird ihre Arbeit immens zu vermehrtem Leben für Alle beitragen. Aber ihre Tage sind beinahe vorüber. Sie haben die Produktion organisiert und bald werden die Agenten der Masse ihre Nachfolge antreten, die die Verteilungsmaschinerie organisieren werden.

Sie sind wie die Monsterreptilien der prähistorischen Zeitalter. Sie spielen eine notwendige Rolle im evolutionären Prozess, aber dieselbe Kraft, die sie hervorbrachte, wird sie entsorgen. Und es ist gut, in Erinnerung zu behalten, dass sie nie wirklich reich waren. Ein Resümee der privaten Leben der meisten dieser Klasse, wird zeigen, dass sie tatsächlich höchst abstoßend und armselig waren.

Reichtümer, die auf Wettstreitebene sichergestellt werden, sind nie zufriedenstellend und von Dauer. Sie gehören heute dir, morgen einem anderen. Erinnere, wenn du auf wissenschaftliche und sichere Weise reich werden willst, musst du dich *vollständig* aus dem Wettstreitdenken entheben. Du darfst nie auch nur für einen Moment denken, dass der Vorrat begrenzt ist. Sobald du zu denken beginnst, dass all das Geld von anderen „gehortet" und kontrolliert wird und dass du dich anstrengen musst, Gesetze durchzukriegen, um diesen Prozess zu stoppen, und so weiter – genau in dem Moment verfällst du in Wettstreitdenken und deine Kraft, Schöpfung zu verursachen, ist für diese Zeit verloren.

Und was noch schlimmer ist, du wirst wahrscheinlich die kreativen Bewegungen, die du bereits begonnen und in Gang gebracht hast, anhalten.

WISSE, dass es in den Bergen der Erde Gold im Wert von unzähligen Millionen Dollar gibt, das bis jetzt noch nicht ans Licht gebracht wurde. Und wisse, dass, wenn es nicht dort wäre, aus der Denksubstanz mehr geschaffen werden würde, um deine Bedürfnisse zu versorgen.

WISSE, dass das Geld, das du brauchst, kommen wird, sogar wenn es dafür erforderlich ist, dass tausend Menschen dazu angeleitet werden, morgen neue Goldminen zu entdecken.

Blicke niemals auf den sichtbaren Vorrat. Blicke immer auf die grenzenlosen Reichtümer in der formlosen Substanz und WISSE, dass sie zu dir kommen, genau so schnell, wie du sie in Empfang nehmen und benutzen kannst. Niemand kann dich – durch Horten des *sichtbaren* Vorrats – davon abhalten zu bekommen, was deins ist.

Erlaube dir also auch nicht einen Moment lang zu denken, dass all die besten Baugrundstücke weg sein werden, bevor du bereit bist, dein Haus zu bauen, wenn du dich nicht beeilst. Sorge dich niemals um Trusts und Kombinate und gerate aus Furcht, sie kämen bald dahin, die ganze Erde zu besitzen, in Aufregung. Fürchte niemals, dass du verlieren wirst, was du möchtest, weil eine andere Person dich „schlägt". Das kann überhaupt nicht passieren. Du suchst nicht etwas, das jemand anderer besitzt, du verursachst, dass das, was du wünschst, aus der formlosen Substanz *erschaffen* wird, und der Vorrat ist ohne Grenzen. Halte dich an die formulierte Aussage:

Es gibt einen Denkstoff, aus dem alle Dinge gemacht sind und der, in seinem ursprünglichen Zustand, die Zwischenräume des Universums durchströmt, durchdringt und erfüllt.

Ein Gedanke in dieser Substanz produziert das Ding, das durch den Gedanken abgebildet wird.

Eine Person kann in ihrem Denken Dinge formen und, indem sie ihr Denken auf formlose Substanz aufprägt, kann sie verursachen, dass das Ding, über das sie nachdenkt, erschaffen wird.

Kapitel 6

Wie Reichtümer zu dir kommen

Wenn ich sage, dass du keine scharfen Verhandlungen führen musst, meine ich nicht, dass du überhaupt keine Verhandlungen führen musst oder dass du über der Notwendigkeit stehst, irgendwelche Geschäfte mit deinen Mitmenschen zu machen. Ich meine, dass du nicht unfair mit ihnen umzugehen brauchen wirst. Du musst nicht Etwas für Nichts bekommen, *sondern kannst jeder Person mehr geben, als du von ihr nimmst.*

Du kannst nicht jedem mehr in Geldwert geben, als du von ihm nimmst, aber du kannst ihm mehr in *Gebrauchswert* geben, als der Geldwert des Dinges, das du von ihm nimmst, beträgt. Das Papier, die Tinte und das übrige Material dieses Buches mag das Geld nicht wert sein, das du für es bezahlst, aber wenn dir die von ihm vorgeschlagenen Ideen Tausende von Dollar einbringen, bist du von jenen, die es dir verkauft haben, nicht geprellt worden. Sie haben dir einen großen Gebrauchswert für einen geringen Geldwert gegeben.

Lass uns annehmen, ich besäße ein Gemälde eines der großen Künstler, welches in einer entwickelten Gesellschaft Tausende von Dollar wert ist. Ich gehe nach Baffin Bay und mittels „verkäuferischen Könnens" bringe ich einen eingeborenen Einwohner dazu, ein Bündel Felle im Wert von $500 dafür herzugeben. Ich habe ihn wirklich geprellt, denn er hat keine Verwendung für das Bild. Es hat keinen Gebrauchswert für ihn, es wird seinem Leben nichts hinzufügen.

Aber nimm an, ich gebe ihm ein Gewehr im Wert von $50 für seine Felle. Dann hat er ein gutes Geschäft gemacht. Er hat Verwendung für das Gewehr. Es wird ihm viel mehr Felle verschaffen und reichlich Essen, es wird seinem Leben in jeder Weise hinzufügen. Es wird ihn reich machen.

Wenn du dich von der Wettstreitebene auf die kreative Ebene erhebst, kannst du deine Geschäftstransaktionen sehr gründlich und streng überprüfen, und solltest du irgendeiner Person irgendetwas verkaufen, was ihrem Leben nicht mehr hinzufügt als die Sache, die sie dir im Austausch dafür gibt, kannst du es dir leisten damit aufzuhören. Du musst niemanden im Geschäft schlagen. Und wenn du in einem Geschäft bist, das Leute schlägt, gib es sofort auf.

Gib jedem mehr in Gebrauchswert, als du von ihm in Geldwert nimmst. Dann fügst du dem Leben der Welt mit jeder Geschäftstransaktion hinzu.

Wenn du Leute hast, die für dich arbeiten, musst du von ihnen mehr in Geldwert nehmen, als du ihnen an Lohn zahlst, aber du kannst dein Geschäft so organisieren, dass es vom Grundsatz des Fortschritts erfüllt wird, so dass jeder Angestellte, der es wünscht, jeden Tag ein wenig vorwärtskommen kann.

Du kannst dafür sorgen, dass dein Geschäft für deine Angestellten tut, was dieses Buch für dich tut. Du kannst dein Geschäft so führen, dass es eine Art Leiter wird, mit der jeder Angestellte, der bereit ist, die Mühe auf sich zu nehmen, selbst zu Reichtümern aufsteigen kann. Und wenn die Gelegenheit gegeben ist, er es aber nicht tut, dann ist es nicht dein Fehler.

Und letztlich folgt nicht, nur weil du die Erschaffung deiner Reichtümer aus formloser Substanz, die deine gesamte Umgebung durchströmt, verursachen musst, dass sie aus der Atmosphäre Form annehmen und vor deinen Augen ins Dasein treten.

Wenn du zum Beispiel eine Nähmaschine möchtest ... dann beabsichtige ich nicht dir mitzuteilen, dass du den Gedanken an eine Nähmaschine auf Denksubstanz aufprägen musst, bis die Maschine ohne Hände geformt wird, in dem Raum, in dem du gerade sitzt, oder sonst wo ... sondern, wenn du eine Nähmaschine möchtest, halte das mentale Abbild von ihr mit positivster Sicherheit darüber, dass sie gerade gemacht wird oder sich auf dem Weg zu dir befindet. Nachdem der Gedanke einmal geformt ist, hab' das absoluteste und unzweifelhafte Vertrauen, dass die Nähmaschine kommt. Niemals denke daran oder sprich darüber anders als überzeugt davon, dass sie ankommt. Beanspruche sie bereits als deine.

Sie wird durch die Kraft der höchsten Intelligenz, die auf das Bewusstsein der Menschen einwirkt, zu dir gebracht werden. Wenn du in Maine lebst, mag es sein, dass eine Person dazu motiviert wird, sich von Texas oder Japan aus in einer Transaktion zu engagieren, die darin resultieren wird, dass du bekommst, was du möchtest.

Wenn es so geschieht, wird die ganze Angelegenheit eben so sehr zum Vorteil dieser Person sein, wie sie es zu deinem ist.

Vergiss nicht für einen Moment, dass die Denksubstanz durch alles ist, sie ist in allem, kommuniziert mit allem und kann alles beeinflussen. Das Begehren der Denksubstanz nach vollerem Leben und besserer Lebensführung hat die Erschaffung all der Nähmaschinen verursacht, die bereits gemacht wurden, und es kann die Erschaffung von Millionen mehr verursachen – und wird es, wann immer Menschen es durch Begehren und Vertrauen in Gang setzen, und indem sie auf eine bestimmte Weise handeln.

Ganz bestimmt kannst du eine Nähmaschine in deinem Haus haben, und es ist eben so sicher, dass du jedes andere Ding haben kannst, das du möchtest und das du für die Weiterentwicklung deines eigenen Lebens und der Leben anderer benutzen wirst.

Du brauchst nicht zu zögern, nach Großem zu fragen. „Es ist deines Vater Freude, dir das Königreich zu geben", sagte Jesus.

Ursprüngliche Substanz möchte all das, was in dir möglich ist, leben und möchte, dass du all das hast, was du benutzen kannst und benutzen wirst, um ein Leben in höchster Fülle zu leben.

Wenn du deinem Bewusstsein die Tatsache einprägst, dass deine Begierde nach dem Besitz von Reichtümern eins ist mit der Begierde der höchsten Kraft nach vollständigerem Ausdruck, dann wird dein Vertrauen unüberwindlich.

Einst sah ich, wie ein kleiner Junge vor einem Klavier saß, und sich vergeblich abmühte, Harmonie aus den Tasten hervorzubringen. Ich sah, dass seine Unfähigkeit, wirkliche Musik zu spielen, ihn tief traurig machte und ihn verärgerte. Ich fragte ihn nach dem Grund für seine Wut und er antwortete: „Ich kann die Musik in mir fühlen, aber ich kann meine Hände nicht dazu bringen, sich richtig zu bewegen." Die Musik in ihm war der DRANG der ursprünglichen Substanz, die all die Möglichkeiten allen Lebens beinhaltet. Alles, was es da an Musik gibt, suchte nach Ausdruck durch das Kind.

Gott, die eine Substanz, versucht durch die Menschheit zu leben und Dinge zu tun und sich ihrer zu erfreuen. Er sagt: „Ich möchte, dass Hände wundervolle Bauwerke schaffen, göttliche Harmonien spielen, strahlende Gemälde malen. Ich möchte, dass Füße meine Gänge gehen,

Augen meine Schönheiten sehen, Zungen mächtige Wahrheiten erzählen und wunderbare Lieder singen", und so weiter.

Alles, was da möglich ist, sucht nach Ausdruck durch Leute. Gott möchte, dass jene, die Musik spielen können, Klaviere haben und jedes andere Instrument und dass sie die Mittel haben, ihre Talente in vollstem Ausmaß zu kultivieren. Er möchte, dass jene, die Schönheit schätzen können, in der Lage dazu sind, sich mit schönen Dingen zu umgeben. Er möchte, dass jene, die Wahrheit erkennen können, jede Gelegenheit haben, um zu reisen und zu beobachten. Er möchte, dass jene, die Kleidung schätzen können, schön gekleidet sind und dass jene, die gutes Essen schätzen können, luxuriös gespeist werden.

Er möchte all diese Dinge, weil er selbst sich an ihnen erfreut und sie schätzt. Sie sind seine Schöpfung. Es ist Gott, der spielen möchte und singen und sich an Schönheit erfreuen und Wahrheit verkünden und feine Kleider tragen und gute Nahrung zu sich nehmen. „Es ist Gott, der in dir wirkt, um zu wollen und zu tun", sagte der Apostel Paulus.

Das Begehren, das du nach Reichtümern empfindest, ist der/das Unendliche, der/das danach sucht, sich in dir auszudrücken, so wie er/es danach suchte, in dem kleinen Jungen am Klavier Ausdruck zu finden.

Du brauchst also nicht zu zögern, nach Großem zu fragen.

Dein Teil ist es, dieses Begehren nach Gott zu fokussieren und auszudrücken.

Das ist für viele Leute ein schwieriger Punkt. Sie behalten etwas von der alten Idee zurück, dass Armut und Selbstopfer Gott gefällig sind.

Sie betrachten Armut als einen Teil des Plans, als Notwendigkeit der Natur.

Sie haben die Idee, dass Gott seine Arbeit beendet hat, und alles gemacht hat, was er machen kann, und dass die Mehrheit der Leute arm bleiben muss, weil es nicht genug gibt, um auszukommen. Sie halten so sehr an diesem irrigen Denken fest, dass sie sich schämen, nach Wohlstand zu fragen. Sie versuchen, nicht mehr zu wünschen als ein sehr bescheidenes Auskommen, gerade genug, damit sie sich einigermaßen wohlfühlen.

Ich erinnere mich gerade an den Fall eines Studenten, dem gesagt wurde, dass er ein klares Bild von den Dingen, die er begehrt, ins Bewusstsein bekommen muss, damit das kreative Denken an sie auf formlose Substanz aufgeprägt werden könne. Er war ein sehr armer Mann, lebte in einem gemieteten Haus und besaß nur das, was er vom einen Tag auf den anderen verdiente, und er konnte die Tatsache nicht fassen, dass aller Wohlstand seiner war. Als er also die Angelegenheit durchdacht hatte, entschied er sich, dass er vernünftigerweise um einen neuen Teppich für den Fußboden seines besten Zimmers und um einen Kohleofen, um das Haus während des kalten Winter zu heizen, bitten könne. Den in diesem Buch gegebenen Instruktionen folgend, bekam er diese Dinge nach wenigen Monaten.

Und dann dämmerte es ihm, dass er nicht genug erbeten hatte.

Er ging durch das Haus, in dem er lebte, und plante all die Verbesserungen, die er gerne darin vornehmen würde. Mental fügte er hier ein Erkerfenster und dort einen Raum hinzu, bis es in seinem Bewusstsein als sein ideales Zuhause vervollständigt war, und dann plante er die Möblierung.

Das ganze Bild im Bewusstsein haltend, begann er, auf die bestimmte Weise zu leben und sich auf das, was er wünschte, hinzubewegen – er besitzt das Haus nun und renoviert es nach der Form seines mentalen Bildes. Und jetzt, mit noch größerem Vertrauen, wird er noch größere Dinge bekommen.

Es kam zu ihm entsprechend seines Vertrauens, und das gilt auch für dich – und für alle von uns.

Kapitel 7

Dankbarkeit

Die im letzten Kapitel gegeben Illustrationen werden dem Leser die Tatsache vermittelt haben, dass der erste Schritt hin zum Reichwerden darin besteht, der formlosen Substanz die Idee deiner Bedürfnisse zu vermitteln.

Das ist wahr, und du wirst sehen, dass es, um dies zu tun, notwendig wird, dich selbst mit der formlosen Intelligenz auf eine harmonische Weise zu verbinden.

Diese harmonische Verbindung sicherzustellen, ist eine Angelegenheit von solch primärer und vitaler Wichtigkeit, dass ich ihrer Diskussion hier einigen Raum geben werde und dir Instruktionen gebe, welche dich, wenn du sie befolgst, mit Sicherheit in vollkommene Einheit des Bewusstseins mit der höchsten Kraft, oder Gott, bringen werden.

Der ganze Prozess mentaler Ausrichtung und Einstimmung kann in einem Wort zusammengefasst werden: Dankbarkeit.

Erstens, du glaubst, dass es eine intelligente Substanz gibt, aus der alle Dinge hervorgehen. Zweitens, du glaubst, dass diese Substanz dir alles gibt, was du begehrst. Und drittens, du verbindest dich mit ihr durch ein Empfinden tiefer und profunder Dankbarkeit.

Viele Menschen, die ihr Leben in jeder anderen Hinsicht rechtschaffen regeln, werden durch ihren Mangel an Dankbarkeit in Armut gehalten. Nachdem sie ein Geschenk von Gott erhalten haben, kappen sie die Drähte, die sie mit ihm verbinden, indem sie darin fehlen, Anerkennung zu zollen.

Es ist leicht zu verstehen, dass je näher wir an der Quelle des Wohlstands leben, desto mehr Wohlstand wir empfangen werden, und es ist leicht ebenso zu verstehen, dass die Seele, die stets dankbar ist, in engerem Kontakt mit Gott lebt als die, welche ihn niemals in dankbarer Anerkennung anblickt. Je dankbarer wir unser Bewusstsein auf das Höchste fixieren, wenn gute Dinge zu uns kommen, desto mehr gute Dinge werden wir empfangen, und desto schneller werden sie kommen. Und der Grund ist einfach, dass die mentale Haltung der Dankbarkeit das Bewusstsein in engere Verbindung zu der Quelle hinzieht, aus der die Segnungen kommen.

Wenn es ein neuer Gedanke für dich ist, dass Dankbarkeit dein ganzes Bewusstsein in größere Harmonie mit den kreativen Energien des Universums bringt, erwäge ihn wohl und du wirst sehen, dass er wahr ist. Die guten Dinge, die du bereits hast, sind entlang der Linie des Gehorsams gegenüber bestimmten Gesetzen zu dir gekommen.[6] Dankbarkeit wird dein Bewusstsein entlang der Wege führen, auf denen die Dinge kommen, und sie wird dich im genauen Einklang mit dem kreativen Denken halten und dich davon abhalten, in Wettstreitdenken zu verfallen.

Dankbarkeit allein kann dich dazu bringen, weiterhin auf das Alles zu blicken, und dich davor bewahren, dem Irrtum zu verfallen, vom Vorrat als begrenzt zu denken – das zu tun, wäre fatal für deine Hoffnungen.

Es gibt ein Gesetz der Dankbarkeit und es ist absolut notwendig, dass du dieses Gesetz befolgst, wenn du die Resultate, die du suchst,

6 Anm.d.Übers.: Die im englischen Original verwendete Metapher legt nicht nur nahe, an eine „Linie" zu denken, sondern auch an ein „Leiterkabel" oder an ein „Seil" ...

bekommst. Das Gesetz der Dankbarkeit ist das natürliche Prinzip, dass Aktion und Reaktion stets gleichwertig sind und in entgegen gesetzter Richtung verlaufen.

Das dankbare Hinauslangen deines Bewusstseins in dankendem Lob hin zur höchsten Intelligenz ist eine Befreiung oder ein Konsum von Kraft. Es kann nicht darin fehlen, das zu erreichen, woran es adressiert ist, und die Reaktion ist eine sofortige Bewegung hin zu dir.

„Ziehe nah hin zu Gott und er wird nah zu dir hin ziehen." Das ist ein Ausdruck von psychologischer Wahrheit. Und wenn deine Dankbarkeit stark und konstant ist, wird die Reaktion der formlosen Substanz stark und kontinuierlich sein, die Bewegung der Dinge, derer du bedarfst, wird immer hin zu dir sein. Bemerke die dankbare Haltung, die Jesus einnahm, wie er stets zu sagen scheint: „Ich danke dir, Vater, dass du mich erhörst." Ohne Dankbarkeit kannst du nicht viel Kraft ausüben, denn es ist Dankbarkeit, die dich mit Kraft in Verbindung hält.

Aber der Wert der Dankbarkeit besteht nicht allein darin, dass du in der Zukunft mehr Segnungen erhältst. Ohne Dankbarkeit kannst du dich nicht lange unzufriedenen Denkens in Anbetracht der Dinge, wie sie sind, enthalten.

In dem Moment, da du deinem Bewusstsein erlaubst, mit Unzufriedenheit bei den Dingen, wie sie sind, zu verweilen, beginnst du, Boden zu verlieren. Du fixierst Aufmerksamkeit auf das Gewöhnliche, das Ordinäre, das Arme, das Faule und das Gemeine – und dein Bewusstsein nimmt die Form dieser Dinge an. Dann wirst du diese Formen oder mentalen Bilder an das Formlose übertragen. Und das Gewöhnliche, das Arme, das Faule und das Gemeine werden zu dir kommen.

Deinem Bewusstsein zu erlauben, beim Niedrigen zu verweilen, heißt niedrig zu werden und sich mit niedrigen Dingen zu umgeben. Andererseits, deine Aufmerksamkeit auf das Beste zu fixieren, heißt sich mit dem Besten zu umgeben, und das Beste zu werden. Die kreative Kraft in uns macht uns zum Abbild dessen, dem wir unsere Aufmerksamkeit schenken. Wir sind auch aus Denksubstanz und Denksubstanz nimmt immer die Form dessen an, worüber sie nachdenkt.

Das dankbare Bewusstsein ist stets auf das Beste fixiert. Deshalb tendiert es dazu, das Beste zu werden. Es nimmt die Form oder den Charakter des Besten an und wird das Beste empfangen.

Auch wird Vertrauen aus Dankbarkeit geboren. Das dankbare Bewusstsein erwartet kontinuierlich gute Dinge, und Erwartung wird Vertrauen. Die Rückwirkung von Dankbarkeit auf jemandes eigenes Bewusstsein produziert Vertrauen, und jede ausgehende Welle von dankbarer Danksagung vermehrt Vertrauen. Die Person, die kein Empfinden von Dankbarkeit hat, kann ein lebendes Vertrauen nicht lange erhalten, und ohne ein lebendes Vertrauen kannst du durch die kreative Methode nicht reich werden, wie wir in den folgenden Kapiteln sehen werden.

Es ist denn also notwendig, die Gewohnheit zu kultivieren, für jedes gute Ding, das zu dir kommt, dankbar zu sein und kontinuierlich Dank zu spenden. Und weil alle Dinge zu deinem Fortschritt beigetragen haben, solltest du alle Dinge in deine Dankbarkeit einschließen.

Verschwende nicht viel Zeit mit Nachdenken oder Reden über die Unzulänglichkeiten oder Fehlverhaltensweisen jener, die an der Macht sind. Ihre Organisation der Welt hat deine Gelegenheit erschaffen. Alles, was du bekommst, kommt wirklich wegen ihnen zu dir. Wüte nicht gegen korrupte Politiker. Wären die Politiker nicht, müssten wir in Anarchie verfallen und deine Gelegenheiten würden in großem Ausmaße gemindert.

Gott hat lange Zeit und sehr geduldig gearbeitet, um uns zu dem großzuziehen, wo wir in Industrie und Regierung stehen, und er macht geradewegs weiter mit seiner Arbeit. Es gibt nicht den geringsten Zweifel, dass er Plutokraten, Trust-Magnaten, Industriekapitäne und Politiker, sobald man auf sie verzichten kann, abschaffen wird , aber in der Zwischenzeit sind sie alle sehr notwendig. Erinnere, dass sie alle dabei helfen, die Übertragungskabel einzurichten, entlang derer deine Reichtümer zu dir kommen werden, und sei dankbar. Das wird dich in harmonische Verbindung mit dem Guten in Allem und jedem Ding bringen, und das Gute in Allem und jedem Ding wird sich auf dich zu bewegen.

Kapitel 8

Auf die bestimmte Weise denken

Blättere zurück zu Kapitel 6 und lies nochmal die Geschichte des Mannes, der ein mentales Abbild seines Hauses formte, und du wirst eine angemessene Vorstellung des einleitenden Schrittes hin zum Reichwerden bekommen. Du musst ein klares und definites mentales Bild dessen, was du möchtest, formen. Du kannst eine Idee nicht übertragen, wenn du sie nicht selbst hast.

Du musst sie haben, bevor du sie weitergeben kannst, und viele Leute versagen darin, Denksubstanz zu prägen, weil sie selbst nur ein vages und nebliges Konzept der Dinge, die sie tun, haben oder werden möchten, besitzen.

Es ist nicht genug, dass du ein allgemeines Begehren nach Wohlstand, „um damit Gutes zu tun", hast. *Jeder* hat dieses Begehren.

Es ist nicht genug, dass du den Wunsch zu reisen, Dinge zu sehen, mehr zu leben, etc. hast. Jeder hat solche Begierden auch. Wenn du vorhättest, einem Freund per Funk eine Botschaft zu senden, würdest du nicht die Buchstaben des Alphabets in ihrer Reihenfolge senden und ihn die Botschaft selbst konstruieren lassen, noch würdest du in Zufallsreihenfolge Worte aus einem Wörterbuch nehmen. Du würdest einen zusammenhängenden Satz senden, einen, der etwas bedeutet.

Wenn du versuchst, deine Wünsche[7] der Denksubstanz aufzuprägen, erinnere, dass es durch eine zusammenhängende Botschaft getan wer-

7 Anm.d.Übers.: Jetzt muss ich doch einen kleinen übersetzerischen Kommentar zu „Wünschen" verfassen ... : In solchen und ähnlichen, hier substantivischen, häufig aber auch verbalen Zusammenhängen, redet Wattles von „want" und nicht von „wish". Die Nuance ist wichtig! – „want" wird im Englischen, insbesondere im klassischen Englisch, spezifischer verwendet als „wish". „want" ist in einen Motivations- und Zweckrahmen eingebunden, „wish" eher nicht. Man kann grundlos und/

den muss. Du musst wissen, was du willst, und *spezifisch* und *definit* sein. Du kannst niemals reich werden oder die kreative Kraft in Gang setzen, indem du unausgeformtes Sehnen oder vage Begierden aussendest.

Gehe deine Begierden durch, genau so, wie der Mann, den ich beschrieben habe, sein Haus abschritt. Sieh' einfach, was du wünschst, und mach' dir ein klares mentales Bild davon, wie du möchtest, dass es aussieht, wenn du es bekommst.

Dieses klare mentale Bild musst du kontinuierlich im Bewusstsein haben. Wie der Seemann den Hafen im Bewusstsein hat, zu dem hin er sein Schiff steuert, musst du alle Zeit deinen Blick darauf gerichtet haben. Du darfst genau so wenig die Sicht darauf verlieren, wie der Steuermann die Sicht auf den Kompass verliert.

Es ist nicht notwendig, Konzentrationsübungen zu machen, noch besondere Zeit für Gebet und Affirmation bereitzustellen, noch „in die Stille zu gehen", oder okkulte Stunts, welcher Art auch immer, durchzuführen. Einige dieser Dinge sind recht nützlich, aber alles, was du brauchst, ist zu wissen, was du willst, und es dir dringlich genug wünschen, so dass es Gegenstand deines Denkens bleibt.

---

oder ziellos wünschen im Sinne von „wish", oder sich dabei (noch) über Grund und Ziel im Unklaren sein, z.B.: ‚Jetzt hätte ich gerne ein Eis ...' – „wish". „want" hingegen entspringt einer defizitären Situation, einem Mangel, und beabsichtigt die Lücke aufzufüllen, um den Zweck zu realisieren, z.B.: ‚Verdammt! Wo ist der Hammer?! Ich brauche einen Hammer, um diesen Nagel in die Wand zu schlagen!' – „want". „want" ist nicht emotionsloser als „wish" aber auch nicht aggressiver, es ist spezifischer und dringlicher, verbunden mit Klarheit über Herkunft und Ziel.

Verbringe soviel deiner Freizeit, wie du kannst, in Kontemplation deines Bildes. Aber niemand muss Übungen durchführen, um sich auf ein Ding zu konzentrieren, dass er sich wirklich wünscht. Es sind die Dinge, die dir *nicht* wirklich wichtig sind, die Anstrengung erfordern, um deine Aufmerksamkeit auf sie zu fixieren.

Und wenn du nicht *wirklich* reich werden willst, so dass die Begierde stark genug ist, um deine Gedanken auf den Zweck gerichtet zu halten, so wie der Magnetpol die Nadel des Kompasses hält, dann ist es für dich kaum der Mühe wert, die Instruktionen auszuführen, die in diesem Buch gegeben werden.

Die Methoden, die hier vorgebracht werden, sind für Leute, deren Begehren nach Reichtümern stark genug ist, um mentale Faulheit zu überkommen und die Vorliebe für Müßiggang und sie zum Arbeiten zu bringen.

Je klarer und definiter du dann dein Bild machst und je mehr du darin verweilst, all seine erquicklichen Details hervorbringend, desto stärker wird deine Begierde sein. Und je stärker deine Begierde, desto leichter wird es sein, dein Bewusstsein auf das Bild dessen, was du willst, fixiert zu halten.

Es ist jedoch ein bisschen mehr erforderlich, als lediglich das Bild deutlich zu sehen. Wenn das alles ist, was du tust, bist du nur ein Träumer und wirst nur geringe oder gar keine Kraft haben, etwas zu Stande zu bringen.

Hinter deiner klaren Vision muss die *Absicht* stehen, sie zu realisieren, sie als anfassbaren Ausdruck herauszubringen.

Und hinter dieser Absicht muss ein unüberwindliches und nicht wankendes VERTRAUEN darin stehen, dass das Ding bereits deins ist, dass es „zur Hand“ ist und du nur Besitz von ihm ergreifen musst.

Lebe in dem neuen Haus, mental, bis es um dich herum physisch Form annimmt. Im mentalen Gefilde gehe sofort in den vollen Genuss der Dinge, die du wünschst, ein.

„Welche Dinge auch immer du erbittest, wenn du betest, glaube, dass du sie empfangen wirst, und du sollst sie haben“, sprach Jesus.

Betrachte die Dinge, die du wünschst, als umgäben sie dich tatsächlich alle Zeit. Betrachte dich selbst als sie besitzend und benutzend. Gebrauche sie in der Imagination genau so, wie du sie benutzen wirst, wenn sie deine anfassbaren Besitztümer sind. Verweile in deinem mentalen Bild, bis es klar und distinkt ist, und dann nimm die mentale Haltung des Besitzers gegenüber allem in diesem Bild ein. Ergreife Besitz davon, im Bewusstsein, im vollen Vertrauen, dass es tatsächlich deins ist. Halte fest an dieser mentalen Besitzerschaft. Schwanke nicht für einen Moment in dem Vertrauen, dass es wirklich ist.

Und erinnere, was in einem vorherigen Kapitel über Dankbarkeit gesagt wurde: Sei alle Zeit so dankbar dafür, wie du erwartest, es zu sein, wenn es Form angenommen hat. Die Person, die Gott aufrichtig für die Dinge danken kann, die sie bis jetzt nur in der Imagination besitzt, hat wirkliches Vertrauen. Sie wird reich werden. Sie wird die Schöpfung all dessen, was immer sie wünscht, verursachen.

Du brauchst nicht andauernd für Dinge, die du wünschst, zu beten. Es ist nicht nötig, Gott jeden Tag davon zu erzählen.

Dein Teil ist es, dein Begehren nach den Dingen, die für ein umfassenderes Leben sorgen, verständlich zu formulieren und dies Begehren in ein zusammenhängendes Ganzes zu arrangieren und dann dieses ganze Begehren auf die formlose Substanz aufzuprägen, die die Kraft hat und den Willen, dir zu bringen, was du wünschst.

Du schaffst diese Prägung nicht, indem du Wortketten wiederholst, du schaffst sie, indem du die Vision aufrecht erhältst, mit unerschütterlicher ABSICHT, sie zu erlangen, und mit standhaftem VERTRAUEN, dass du sie erlangen wirst.

Die Antwort auf das Gebet erfolgt nicht gemäß deines Vertrauens, während du *redest*, sondern gemäß deines Vertrauens, während du *arbeitest*.

Du kannst nicht das Bewusstsein Gottes beeindrucken, indem du einen speziellen Sabbath-Tag freihältst, um ihm zu sagen, was du wünschst, und ihn dann für den Rest der Woche vergisst. Du kannst ihn nicht beeindrucken, indem du spezielle Stunden einrichtest, um in dein Kämmerlein zu gehen und zu beten, wenn du danach die Angelegenheit aus deinem Bewusstsein streichst, bis die nächste Betstunde kommt.

Mündliches Gebet ist recht brauchbar und hat seine Wirkung, insbesondere auf dich selbst, indem es deine Vision klärt und dein Vertrauen stärkt, aber es sind nicht deine mündlichen Petitionen, die dir verschaffen, was du wünschst. Um reich zu werden, brauchst du keine „süße Gebetstunde“, du brauchst „Beten ohne Unterlass“. Und *mit Beten meine ich, standhaft an deiner Vision festhalten, mit der Absicht, ihre*

Erschaffung in solider Form zu verursachen, und dem Vertrauen, dass du dabei bist dies zu tun.

„Glaube, dass du sie empfängst."

Einmal deine Vision klar geformt, dreht sich die ganze Angelegenheit um *Empfangen*. Wenn du sie geformt hast, ist es gut, eine mündliche Erklärung abzugeben, sich in Dankbarkeit an das Höchste wendend. Dann, von diesem Moment an, musst du empfangen, im Bewusstsein, was du erbeten hast.

Lebe in dem neuen Haus, trage die feinen Gewänder, fahre das Automobil, geh auf die Reise und plane zuversichtlich größere Reisen. Denke und sprich von all den Dingen, die du erbeten hast, in Begriffen tatsächlich gegenwärtiger Besitzerschaft. Imaginiere ein Umfeld und eine finanzielle Situation genau so, wie du sie willst, und lebe die ganze Zeit in diesem mentalen Umfeld und in dieser mentalen finanziellen Situation, bis sie physische Form annehmen.

Mache dir jedoch bewusst, dass du es nicht als bloßer Träumer und Wunschschlossbauer tust. Halte an dem VERTRAUEN fest, dass das Imaginäre gerade dabei ist, realisiert zu werden, und an deiner ABSICHT, es zu realisieren. Erinnere, dass es Vertrauen auf und Absicht im Gebrauch der Imagination sind, die den Unterschied zwischen einem Wissenschaftler und einem Träumer ausmachen.

Diese Tatsache verstanden, ist hier der Punkt gekommen, an dem du den rechten Gebrauch des Willens lernen musst.

Kapitel 9

Wie man den Willen gebraucht

Entschlossen, auf wissenschaftliche Weise reich zu werden, versuchst du nicht, deine Willenskraft auf irgendetwas außerhalb von dir selbst anzuwenden.

Du hast sowieso kein Recht, dies zu tun. Es ist falsch, deinen Willen auf andere Männer oder Frauen anzuwenden, um sie dazu zu bringen zu tun, was du getan haben möchtest.

Es ist genau so entsetzlich falsch, Menschen mittels mentaler Kraft zu nötigen wie sie mittels physischer Kraft zu nötigen. Wenn, Leute durch physische Kraft dazu zu zwingen, Dinge für dich zu tun, sie zu Sklaven erniedrigt, bewirkt, sie durch mentale Mittel zu zwingen, genau dasselbe. Der einzige Unterschied liegt in der Methode. Wenn es Raub ist, Leuten Dinge mit physischer Kraft zu entwenden, dann ist, ihnen Dinge mit mentaler Kraft zu entwenden, ebenso Raub. Im Prinzip gibt es da keinen Unterschied.

Du hast kein Recht, deine Willenskraft auf eine andere Person anzuwenden, noch nicht einmal „zu ihrem eigenen Wohl", denn du weißt nicht, was zu ihrem eigenen Wohl ist. Die Wissenschaft des Reichwerdens verlangt nicht von dir, Macht oder Gewalt über irgendeine andere Person auszuüben, auf welchem Wege auch immer. Es gibt nicht die leiseste Notwendigkeit, dies zu tun. Tatsächlich wird jeglicher Versuch, deinen Willen auf andere auszuüben, nur dazu tendieren, deine Absichten zunichte zu machen.

Du brauchst deinen Willen nicht auf Dinge anzuwenden, um sie dazu zu zwingen, zu dir zu kommen. Das hieße schlicht zu versuchen, Gott zu nötigen, und wäre dumm und nutzlos.

Du musst nicht versuchen, Gott zu zwingen, dir gute Dinge zu geben, nicht mehr, denn du deine Willenskraft gebrauchen musst, um die Sonne zum Aufgehen zu bringen.

Du musst nicht deine Willenskraft gebrauchen, um eine unfreundliche Gottheit zu überwinden oder um sture und rebellische Gewalten, deinem Geheiß folgen zu machen. Substanz ist dir freundlich gesonnen und ist eifriger, dir zu geben, was du wünschst, denn du es bist, es zu bekommen.

Um reich zu werden, brauchst du nur deine Willenskraft auf *dich selbst* anzuwenden.

Wenn du weißt, was du denken und tun musst, dann musst du deinen Willen gebrauchen, um dich dazu zu bringen, die richtigen Dinge zu denken und zu tun. Das ist der legitime Gebrauch des Willens im Erlangen dessen, was du wünschst – ihn zu benutzen, um dich selbst auf dem rechten Kurs zu halten.

Benutze deinen Willen, um dich selbst dabei zu halten, auf die bestimmte Weise zu denken und zu handeln.

Versuche nicht, deinen Willen, deine Gedanken oder dein Bewusstsein hinaus in den Raum zu projizieren, um auf Dinge oder Leute „einzuwirken". Behalte dein Bewusstsein zu Hause. Dort kann es mehr erreichen als irgendwo anders.

Benutze dein Bewusstsein, um ein mentales Abbild dessen, was du wünschst, zu formen und um diese Vision mit Vertrauen und Absicht aufrecht zu halten. Und benutze deinen Willen, um dein Bewusstsein weiterhin auf die *richtige* Weise arbeiten zu lassen.

Je gelassener und kontinuierlicher dein Vertrauen und deine Absicht, desto schneller wirst du reich werden, weil du nur POSITIVE Eindrücke auf Substanz machen wirst, und du wirst sie nicht durch negative Eindrücke neutralisieren oder verwischen.

Das Abbild deiner Begierden, aufrecht gehalten mit Vertrauen und Absicht, wird vom Formlosen aufgenommen und durchströmt es bis in weite Entfernungen hin – durch das ganze Universum hindurch, soweit wir es kennen.

So dieser Eindruck sich ausbreitet, werden alle Dinge hin zu ihrer Realisierung in Bewegung versetzt. Jedes lebende Ding, jedes unbeseelte Ding und die Dinge, die jetzt noch unerschaffen sind, werden dahin angeregt, das, was du wünschst, ins Dasein zu bringen. Alle Kraft beginnt, in diese Richtung zu streben. Alle Dinge beginnen, sich zu dir hin zu bewegen. Das Bewusstsein der Leute überall wird dahin beeinflusst, die Dinge zu tun, die für die Erfüllung deiner Begierden erforderlich sind, und sie arbeiten für dich, unbewusst.

Aber du kannst all dies abrupt zum Anhalten bringen, indem du eine negative Impression in der formlosen Substanz in Gang setzt. Zweifel und Unglaube werden eben so sicher eine Bewegung von dir *weg* auslösen wie Vertrauen und Absicht eine zu dir *hin* auslösen werden. Durch Nicht-Verstehen dessen geschieht es, dass die meisten Leute ihr Versagen verursachen. Jede Stunde und jeder Moment, den du verbringst, indem du Zweifeln und Ängsten Beachtung schenkst, jede Stunde, die du in Sorge verbringst, jede Stunde, in der deine Seele von Unglauben erfasst wird, etabliert eine Strömung *von dir weg* in der gesamten Domäne intelligenter Substanz. All die Versprechungen sind für die, die glauben, und nur für sie.

Da Glaube äußerst wichtig ist, steht es dir an, über deine Gedanken zu wachen, und da das, was du glaubst, in sehr großem Ausmaß durch die Dinge, die du beobachtest und über die du nachdenkst, geformt werden wird, ist es wichtig, dass du sorgfältig darauf achtest, welchen Dingen du deine Aufmerksamkeit schenkst.

Und hier kommt der Wille in Gebrauch, denn es geschieht durch deinen Willen, dass du bestimmst, auf welche Dinge deine Aufmerksamkeit gerichtet werden soll.

Wenn du reich werden willst, darfst du kein Studium der Armut unternehmen.

Dinge werden nicht ins Dasein gebracht, indem man über ihr Gegenteil nachdenkt. Gesundheit wird niemals erlangt, indem man Krankheit studiert und über Krankheit nachdenkt. Rechtschaffenheit wird nicht unterstützt, indem man Sünde studiert und über Sünde nachdenkt. Und niemand wurde je reich, indem er Armut studierte und über Armut nachdachte.

Medizin als eine Wissenschaft der Krankheit hat Krankheit vermehrt, Religion als eine Wissenschaft der Sünde hat Sünde unterstützt und Ökonomie als ein Studium der Armut wird die Welt mit Elend und Mangel erfüllen.

Rede nicht über Armut, untersuche sie nicht und sorge dich nicht um sie. Lass es dir egal sein, was ihre Gründe sind, du hast nichts mit ihnen zu tun.

Was dich angeht, ist die *Heilung*.

Verbringe deine Zeit nicht mit so genannter Heilsarbeit oder in sogenannten Heilsbewegungen. Die meiste Heilshilfe tendiert nur dazu, das Elend zu verlängern, das sie auszutilgen bezweckt. Ich sage nicht, dass du hartherzig oder unfreundlich sein oder dich weigern sollst, den Ausruf der Bedürftigkeit zu hören, aber du darfst nicht versuchen, Armut auf irgendeinem der *konventionellen* Wege auszutilgen. Lass Armut hinter dir und alles, was dazugehört, und „mach's gut".

Werde reich. Das ist der beste Weg, auf dem du den Armen helfen kannst.

Und du kannst das mentale Bild, das dich reich machen soll, nicht halten, wenn du dein Bewusstsein mit Abbildern der Armut und all ihren dazugehörigen Krankheiten füllst. Lies keine Bücher oder Zeitungen, die die Umstände des Elends der Slumbewohner, der Gräuel der Kinderarbeit und so weiter schildern. Lies nichts, was dein Bewusstsein mit erdrückenden Bildern des Mangels und des Leidens ausfüllt.

Du kannst den Armen nicht im Geringsten dadurch helfen, dass du über diese Dinge genau Bescheid weißt, und das weitverbreitete Wissen über sie sorgt keineswegs dafür, Armut abzuschaffen.

Was dafür sorgt Armut abzuschaffen, ist nicht, dass du Abbilder der Armut in deinen Kopf kriegst, sondern Abbilder des Wohlstands, des Überflusses und der Möglichkeit in die Köpfe der Armen zu bekommen.

Du lässt die Armen nicht in ihrem Elend im Stich, wenn du dich weigerst zuzulassen, dass dein Bewusstsein mit Abbildern dieses Elends gefüllt wird.

Armut kann nicht abgeschafft werden, indem man die Zahl der wohlgestellten Leute, die über Armut nachdenken, erhöht, sondern indem man die Zahl der armen Leute erhöht, die mit Vertrauen beabsichtigen, reich zu werden.

Die Armen brauchen kein Mitleid, sie brauchen Inspiration. Mitleid schickt ihnen nur den Leib Brot, der sie in ihrem Elend am Leben hält oder spendet ihnen die Unterhaltung, die sie für ein oder zwei Stunden vergessen macht. Aber Inspiration kann sie dazu bringen, sich aus ihrem Elend zu erheben. Wenn du den Armen helfen willst, demonstriere ihnen, dass sie reich werden können. Beweise es, indem du selbst reich wirst.

Der einzige Weg, auf dem Armut je von dieser Welt verbannt werden wird, besteht darin, eine große und konstant wachsende Anzahl von Leuten dazu zu bringen, die Lehren dieses Buches zu praktizieren.

Die Leute müssen gelehrt werden, durch Schöpfung reich zu werden, nicht durch Wettstreit.

Jede Person, die durch Wettstreit reich wird, stößt die Leiter um, auf der sie aufsteigt, und hält andere nieder, aber jede Person, die durch Schöpfung reich wird, öffnet für Tausende einen Weg, um nachzufolgen – und inspiriert sie, dies zu tun.

Du zeigst nicht Hartherzigkeit oder einen Mangel an Einfühlsamkeit, wenn du dich weigerst, Armut zu bemitleiden, Armut zu sehen, von Armut zu lesen oder über sie nachzudenken oder zu reden oder jenen, die über sie reden, zuzuhören. Benutze deine Willenskraft, um dein Bewusstsein WEG vom Thema Armut zu halten und um es mit

Vertrauen und Absicht AUF die Vision dessen, was du wünschst und gerade erschaffst, fixiert zu halten.

Kapitel 10

Weiterer Gebrauch des Willens

Du kannst keine wahre und klare Vision von Wohlstand bewahren, wenn du deine Aufmerksamkeit andauernd gegenteiligen Bildern zuwendest, seien sie extern oder imaginär.

Sprich nicht über vergangene Ärgernisse finanzieller Natur, falls du welche hattest. Denk überhaupt nicht an sie. Sprich nicht über die Armut deiner Eltern oder die Härten deines frühen Lebens. Irgendeines dieser Dinge zu tun, heißt, dich hier und jetzt mit den Armen mental auf eine Stufe zu stellen, und wird mit Sicherheit die Bewegung der Dinge in deine Richtung zum Stehen bringen. Lass Armut und alle Dinge, die zu Armut dazugehören, vollständig hinter dir.

Du hast eine bestimmte Theorie des Universums als korrekt akzeptiert und stützt all deine Hoffnungen auf Freude auf ihre Korrektheit. Was kannst du gewinnen, indem du konfligierenden Theorien Beachtung schenkst?

Lies keine Bücher, die dir erzählen, dass das Ende der Welt bevorsteht, und lies nicht das Geschreibsel von Paparazzi und pessimistischen Philosophen, die dir sagen, dass sie zum Teufel gehen wird. Die Welt geht nicht zum Teufel, sie geht zu Gott. Es ist eine wunderbare Entwicklung hin zum Besten.

Es ist wahr, es mag unter den bestehenden Umständen eine ganze Menge Dinge geben, die nicht wünschenswert sind, aber welcher Nutzen liegt darin, sie zu studieren, wenn sie mit Sicherheit vorübergehen werden und ihr Studium nur dazu führt, ihr Vorübergehen zu verlangsamen und sie weiterhin bei uns zu halten? Warum Dingen Zeit und Aufmerksamkeit schenken, die durch evolutionäres Wachstum ausgemerzt werden, wenn du ihre Ausmerzung beschleunigen kannst, allein indem dem du die evolutionäre Entwicklung, soweit dein Anteil an ihr reicht, unterstützt?

Egal wie schrecklich die Umstände in bestimmten Ländern, Gegenden oder an bestimmten Orten auch scheinen mögen, du verschwendest deine Zeit und zerstörst deine eigenen Chancen, wenn du gedanklich in ihnen lebst.

Du solltest dich für das Reichwerden der Welt interessieren.

Denke über die Reichtümer, zu denen die Welt gelangt, nach, anstatt über die Armut, aus der sie hinauswächst, und behalte in Erinnerung, dass die einzige Weise, auf die du der Welt beim Reichwerden helfen kannst, darin besteht, dass du selbst reich wirst, durch die kreative Methode, nicht durch die des Wettstreits.

Schenke deine Aufmerksamkeit völlig den Reichtümern. Fokussiere nicht auf Armut. Wann immer du an jene denkst oder von jenen sprichst, die arm sind, denke und sprich von ihnen als jene, die reich werden, als jene, denen man eher gratulieren muss als sie zu bemitleiden. Dann werden sie und andere sich an der Inspiration entzünden und anfangen, nach dem Ausweg zu suchen.

Wenn ich sage, dass du all deine Zeit, deinen Verstand und dein Denken den Reichtümern widmen musst, folgt daraus nicht, dass du unehrlich und gemein sein sollst.

Wirklich reich zu werden, ist das nobelste Ziel, das du im Leben haben kannst, denn es schließt alles andere ein.

Auf der Wettstreitebene ist der Kampf darum reich zu werden eine gottlose Hatz nach Macht über andere, aber wenn wir das kreative Bewusstsein erlangen, ändert sich all das. Alles, was auf dem Wege der Größe, des Dienstes und des Strebens nach Höherem möglich ist, kommt über den Weg des Reichwerdens, denn alles wird durch den Gebrauch von Dingen möglich gemacht. Ich wiederhole, du kannst nichts Großartigeres und Nobleres beabsichtigen, als reich zu werden, und du musst deine Aufmerksamkeit auf dein mentales Abbild des Wohlstandes fixieren, um all das auszuschließen, was dazu beitragen kann, die Vision abzuschwächen oder zu verdunkeln.

Einige Leute verbleiben in Armut, weil ihnen die Tatsache unbekannt ist, dass es Wohlstand für sie gibt, und diese können am besten belehrt werden, indem du ihnen den Weg zu überfließendem Wohlstand in deiner eigenen Person und deinem eigenen Handeln zeigst.

Andere sind arm, weil sie sich fühlen, als gäbe es keinen Ausweg, sie sind intellektuell zu träge, um die mentale Anstrengung zu erbringen, die erforderlich ist, um diesen Weg zu finden und zu bereisen. Das Beste, was du für sie tun kannst, ist, ihre Begierde zu wecken, indem du ihnen die Freude zeigst, die daraus entsteht, ehrlich reich zu sein.

Andere sind immer noch arm, weil sie – obwohl sie eine gewisse Ahnung von Wissenschaft haben – im Irrgarten der Theorien so überschüttet und verloren sind, dass sie nicht wissen, welchen Weg sie nehmen sollen. Sie versuchen eine Mixtur vieler Systeme und versagen in allen. Auch für sie ist das Beste, was du tun kannst, ihnen den richtigen Weg in deiner eigenen Person und in deinem eigenen Handeln zu zeigen. Eine Unze Taten ist ein Pfund Theorien wert.

Das Allerbeste, was du für die ganze Welt tun kannst, ist das Beste aus dir selbst zu machen.

Du kannst Gott und der Menschheit auf keine effektivere Weise dienen als durch Reichwerden; das heißt, wenn du durch die kreative Methode und nicht durch die Wettstreitmethode reich wirst.

Eine andere Sache: Wir versichern, dass dieses Buch die Prinzipien der Wissenschaft des Reichwerdens im Detail wiedergibt, und wenn das wahr ist, brauchst du kein anderes Buch über das Thema zu lesen. Das mag eng und egoistisch erscheinen, aber bedenke: Es gibt in der Mathematik keine weiteren wissenschaftlichen Rechenmethoden außer Addition, Subtraktion, Multiplikation und Division, keine andere Methode ist möglich. Es kann nur eine kürzeste Verbindung zwischen zwei Punkten geben. Es gibt nur einen Weg wissenschaftlich zu denken, und der ist, auf die Weise zu denken, die über die direkteste und einfachste Route zum Ziel führt. Keiner hat bisher ein kürzeres und weniger kompliziertes „System" formuliert als das, welches hier vorgebracht wird. Es wurde von allem Nicht-Essenziellen befreit. Wenn du mit diesem beginnst, leg alle anderen bei Seite. Verbanne sie allesamt aus deinem Bewusstsein.

Lies dieses Buch jeden Tag. Trage es bei dir. Lerne es auswendig und denke über keine anderen „Systeme" und Theorien nach. Tust du es dennoch, wirst du anfangen Zweifel zu hegen und unsicher zu sein und in deinem Denken zu schwanken, und dann wirst du anfangen, Fehler zu machen. Nachdem du es zu etwas gebracht hast und reich geworden bist, magst du so viele andere Systeme studieren, wie du Lust hast.

Und lies nur die optimistischsten Kommentare zum Weltgeschehen – jene, die in Harmonie mit deinem Bild sind. Ebenso, spiele nicht mit Theosophie, Spiritualismus und derartigen Studien herum. Vielleicht sind die Toten noch am Leben und nah, aber wenn sie es sind, lass sie in Ruhe, kümmere dich um deine eigenen Geschäfte.

Wo immer die Geister der Toten auch sein mögen, sie haben ihre eigene Arbeit zu erledigen, und wir haben kein Recht, ihnen in die Quere zu kommen. Wir können ihnen nicht helfen, und es ist sehr fraglich, ob sie uns helfen können, oder ob wir irgendein Recht haben, ihre Zeit zu beanspruchen, wenn sie es können. Lass die Toten und das Jenseits in Ruhe und löse dein eigenes Problem: Werde reich. Wenn du dich in das Okkulte einmischst, wirst du mentale Quer-Strömungen in Gang setzen, die deine Hoffnungen mit Sicherheit werden Schiffbruch erleiden lassen.

Also, dieses und die vorhergehenden Kapitel haben uns die folgende Beschreibung grundlegender Tatsachen erbracht:

Es gibt einen Denkstoff, aus dem alle Dinge gemacht sind und der, in seinem ursprünglichen Zustand, die Zwischenräume des Universums durchströmt, durchdringt und erfüllt.

Ein Gedanke in dieser Substanz produziert das Ding, das durch den Gedanken abgebildet wird.

Eine Person kann in ihrem Denken Dinge formen und, indem sie ihr Denken auf formlose Substanz aufprägt, kann sie verursachen, dass das Ding, über das sie nachdenkt, erschaffen wird.

Um dies zu tun, muss eine Person vom Wettstreitdenken ablassen und zum kreativen Bewusstsein übergehen, sie muss ein klares mentales Abbild der Dinge, derer sie bedarf, formen und dieses Abbild in ihrem Denken aufrecht halten, mit der festen ABSICHT zu bekommen, was sie braucht und wünscht, und mit dem unerschütterlichen VERTRAUEN, dass sie bekommen wird, was sie braucht und wünscht, ihr Bewusstsein gegenüber all dem verschließend, das dazu führen mag, ihre Absicht zum Wanken zu bringen, ihre Vision zu verdunkeln oder ihr Vertrauen zu ersticken.

Und zu alldem hinzu werden wir nun sehen, dass sie auf eine bestimmte Weise leben und *handeln* muss.

Kapitel 11

Auf die bestimmte Weise handeln

DENKEN IST DIE KREATIVE KRAFT oder die Antriebsgewalt, welche die kreative Kraft zum Handeln bringt. Auf eine bestimmte Weise zu denken, wird Reichtümer zu dir bringen, aber du darfst dich nicht auf Denken alleine verlassen, ohne persönliches Handeln zu beachten. Das ist der Fels, an dem viele ansonsten wissenschaftliche Denker Schiffbruch erleiden – das Versagen darin, Denken mit persönlichem Handeln zu verbinden.

Noch haben wir nicht die Entwicklungsstufe erreicht – wenn wir einmal annehmen, dass solch eine Stufe überhaupt möglich ist – auf der eine Person direkt aus der formlosen Substanz erschaffen kann, ohne die Prozesse der Natur oder die Arbeit menschlicher Hände. Eine Person darf nicht nur denken, sondern ihr persönliches Handeln muss unterstützend zu ihrem Denken beitragen.

Durch Denken kannst du dafür sorgen, dass das Gold aus dem Herzen der Berge zu dir hin getrieben wird, aber es wird sich nicht selbst fördern, raffinieren, sich selbst in Gold-Dollar prägen und die Straße heruntergerollt kommen, um einen Weg in deine Tasche zu finden.

Unter der Antriebsgewalt des höchsten Geistes werden die Angelegenheiten der Leute so geregelt, dass jemand dazu gebracht wird, das Gold für dich zu fördern. Die Geschäftstransaktionen anderer Leute werden so gerichtet werden, dass das Gold zu dir hin gebracht werden wird. Und du musst deine eigenen Geschäftsangelegenheiten so arrangieren, dass du in der Lage dazu bist, es in Empfang zu nehmen, wenn es zu dir kommt. Dein Denken sorgt dafür, dass alle Dinge, belebt oder unbelebt, daran arbeiten, dir zu bringen, was du wünschst, aber deine persönliche Aktivität muss derart sein, dass du rechtschaffen empfangen kannst, was du wünschst, wenn es dich erreicht. Du darfst es nicht als mildtätige Gabe nehmen, noch darfst du es stehlen. Du musst jedem Menschen mehr in Gebrauchswert geben, als er dir in Geldwert gibt.

Der wissenschaftliche Gebrauch des Denkens besteht darin, ein klares und distinktes Abbild dessen, was du wünschst zu formen, an deiner Absicht zu bekommen, was du wünschst, festzuhalten und in dankbarem Vertrauen zu realisieren, dass du bekommen wirst, was du wünschst.

„Projiziere" dein Denken nicht auf irgendeine mysteriöse oder okkulte Weise, mit der Idee, dass es hinausgehen und Dinge für dich erledigen muss. Das ist verschwendete Mühe und wird deine Kraft gesund zu denken schwächen.

Die Tätigkeit des Denkens beim Reichwerden wurde in den vorhergehenden Kapiteln ausführlich erklärt: Dein Vertrauen und deine Absicht prägen deine Vision in positiver Weise auf formlose Substanz auf, die *dieselbe Begierde nach mehr Leben wie du* hat, und diese von dir empfangene Vision setzt all die kreativen Gewalten in Gang – *in ihren und durch ihre regulären Handlungskanäle*, aber zu dir hin gerichtet.

Es ist nicht deine Aufgabe, den kreativen Prozess zu führen oder zu überwachen. Alles, was du dazuzutun hast, ist deine Vision beizubehalten, an deiner Absicht festzuhalten und dein Vertrauen und deine Dankbarkeit zu bewahren.

Aber du musst *auf eine bestimmte Weise handeln*, damit du, was dein ist, in Besitz nehmen kannst, wenn es zu dir kommt, und damit du den Dingen, die du in deinem Bild hast, begegnen kannst und du sie an die ihnen angemessenen Orte bringen kannst, sobald sie ankommen.

Du kannst die Wahrheit dessen tatsächlich beobachten. Wenn Dinge dich erreichen, werden sie in den Händen anderer sein, die ein Äquivalent für sie erbitten werden. Und du kannst nur bekommen, was deins ist, indem du der anderen Person gibst, was rechtmäßig ihres ist.

Deine Brieftasche wird sich nicht in Fortunas Börse verwandeln, die stets und ohne Anstrengung von deiner Seite mit Geld gefüllt sein wird.

Dies ist der entscheidende Punkt in der Wissenschaft des Reichwerdens – genau hier, wo Denken und persönliches Handeln kombiniert werden müssen. Es gibt sehr viele Menschen, die, bewusst oder unbewusst, die kreativen Gewalten durch die Stärke und Ausdauer ihrer Begierden in Bewegung setzen, die aber arm bleiben, weil sie für den Empfang des Dings, das sie wünschen, wenn es kommt, keine Vorsorge tragen.

Durch Denken wird das Ding, das du wünschst, zu dir gebracht. Durch Handlung empfängst du es.

Was immer dein Handeln auch sein wird, es ist offensichtlich, dass du JETZT handeln musst. Du kannst nicht in der Vergangenheit handeln, und für die Klarheit deiner mentalen Vision ist es wesentlich, dass du die Vergangenheit aus deinem Bewusstsein bannst. Du kannst nicht in der Zukunft handeln, denn die Zukunft ist noch nicht hier. Und du kannst nicht sagen, wie du in irgendeiner möglichen Zukunft wirst handeln möchten, bis diese Möglichkeit gekommen ist.

Nur weil du jetzt nicht im richtigen Geschäft bist oder dich nicht im richtigen Umfeld befindest, denke nicht, dass du das Handeln vertagen musst, bis du ins richtige Geschäft oder Umfeld kommst. Und verschwende keine Zeit damit, in der Gegenwart über den besten Kurs für mögliche Notfälle in der Zukunft nachzugrübeln. Habe Vertrauen in deine Fähigkeit, mit jeglichem Notfall umzugehen, sobald er eintritt.

Wenn du mit deinem Bewusstsein auf die Zukunft gerichtet in der Gegenwart handelst, wird dein gegenwärtiges Handeln mit geteiltem Bewusstsein erfolgen und nicht effektiv sein.

Lege dein ganzes Bewusstsein in die gegenwärtige Handlung.

Gib nicht deinen kreativen Impuls an die ursprüngliche Substanz weiter und setz dich dann hin und warte auf Ergebnisse. Wenn du das tust, wirst du sie nie bekommen. Handle jetzt. Es gibt nie eine andere Zeit als jetzt, und niemals wird es eine andere Zeit als jetzt geben. Wenn du je beginnen willst, dich auf den Empfang dessen, was du wünschst, vorzubereiten, dann musst du JETZT beginnen.

Und dein Handeln, was immer es auch sei, muss aller Wahrscheinlichkeit nach in deinem gegenwärtigen Geschäft oder in deiner gegenwärtigen Anstellung vonstatten gehen und muss sich auf die Personen und Dinge in deiner gegenwärtigen Umgebung beziehen.

Du kannst nicht dort handeln, wo du nicht bist, du kannst nicht dort handeln, wo du gewesen bist, und du kannst nicht dort handeln, wo du sein wirst. Du kannst nur handeln, wo du bist.

Sorge dich nicht darum, ob die gestrige Arbeit gut oder schlecht getan war, mach' die heutige Arbeit gut.

Versuche nicht die morgige Arbeit jetzt zu tun, da wird ausreichend Zeit sein, sie zu tun, wenn du dazu kommst.

Versuche nicht durch okkulte oder mystische Mittel auf Leute oder Dinge einzuwirken, die sich außerhalb deiner Reichweite befinden.

Warte nicht auf einen Wandel des Umfeldes, bevor du handelst, erreiche einen Wandel des Umfeldes, indem du handelst.

Du kannst so auf das Umfeld, in dem du dich jetzt befindest, einwirken, dass du verursachst, selbst in ein besseres Umfeld transferiert zu werden.

Halte mit Vertrauen und Absicht die Vision von dir selbst in einem besseren Umfeld, aber wirke mit all deinem Herzen und mit all deiner Stärke und mit all deinem Verstand auf dein gegenwärtiges Umfeld ein.

Verbringe deine Zeit nicht mit Tagträumen oder damit Wunschschlösser zu bauen, halte an der einen Vision dessen, was du wünschst, fest und handle JETZT.

Schweife nicht umher, auf der Suche nach einer neuen Sache, die du tun musst, oder nach einer unerwarteten, ungewöhnlichen oder bemerkenswerten Handlung, die du als ersten Schritt hin zum Reichwerden durchführen musst. Es ist wahrscheinlich, dass deine Handlungen, zumindest für einige Zeit, dieselben sein werden wie die, die du auch bis vor kurzem durchgeführt hast, aber jetzt fängst du an, diese Handlungen auf die bestimmte Weise durchzuführen, die dich mit Sicherheit reich machen wird.

Wenn du in einem bestimmten Geschäft tätig bist und es nicht als das richtige für dich empfindest, warte nicht, bis du in das richtige Geschäft kommst, bevor du anfängst zu handeln.

Fühle dich nicht entmutigt oder setze dich hin und lamentiere, weil du fehl am Platze bist. Keiner ist so fehl am Platze, dass er nicht den richtigen Platz finden kann, und keiner ist so in das falsche Geschäft verwickelt, dass er nicht ins richtige Geschäft kommen kann.

Halte die Vision von dir selbst im richtigen Geschäft, mit der Absicht da reinzukommen und mit dem Vertrauen, dass du da reinkommen *wirst* und *dabei bist* da reinzukommen, aber HANDLE in deinem gegenwärtigen Geschäft. Nutze dein gegenwärtiges Geschäft als Mittel dazu, an ein besseres zu kommen, und nutze deine gegenwärtige Umgebung als Mittel dazu, in eine bessere zu kommen. Deine Vision des richtigen Geschäftes, wenn mit Vertrauen und Absicht aufrecht gehalten, wird die höchste Kraft dazu bringen, das richtige Geschäft zu dir hin zu bewegen. Und dein Handeln, wenn auf die bestimmte Weise durchgeführt, wird dich dazu bringen, dich auf das Geschäft hin zu bewegen.

Wenn du ein Angestellter oder Lohnarbeiter bist und fühlst, dass du die Stellung wechseln musst, um zu bekommen, was du wünschst, „projiziere" dein Denken nicht in den Raum und verlass dich darauf, dass es dir einen anderen Job besorgt. Es wird wahrscheinlich darin versagen.

Halte deine Vision von dir in dem Job, den du möchtest, während du mit Vertrauen und Absicht in dem Job, den du hast, HANDELST, und du wirst mit Sicherheit den Job, den du möchtest, bekommen.

Deine Vision und dein Vertrauen werden die kreative Kraft in Bewegung setzen, um ihn zu dir zu bringen, und dein Handeln wird die Kräfte in deinem eigenen Umfeld dazu bewegen, dich in die Stellung zu bringen, die du wünschst. Zum Abschluss dieses Kapitels werden wir unserem Syllabus eine weitere Aussage hinzufügen:

Es gibt einen Denkstoff, aus dem alle Dinge gemacht sind und der, in seinem ursprünglichen Zustand, die Zwischenräume des Universums durchströmt, durchdringt und erfüllt.

Ein Gedanke in dieser Substanz produziert das Ding, das durch den Gedanken abgebildet wird.

Eine Person kann in ihrem Denken Dinge formen und, indem sie ihr Denken auf formlose Substanz aufprägt, kann sie verursachen, dass das Ding, über das sie nachdenkt, erschaffen wird.

Um dies zu tun, muss eine Person vom Wettstreitdenken ablassen und zum kreativen Bewusstsein übergehen, sie muss ein klares mentales Abbild der Dinge, derer sie bedarf, formen und dieses Abbild in ihrem Denken aufrecht halten, mit der festen ABSICHT zu bekommen, was sie braucht und wünscht, und mit dem unerschütterlichen VERTRAUEN, dass sie bekommen wird, was sie braucht und wünscht, ihr Bewusstsein gegenüber all dem verschließend, das dazu führen mag, ihre Absicht zum Wanken zu bringen, ihre Vision zu verdunkeln oder ihr Vertrauen zu ersticken.

Damit sie, was sie braucht und wünscht, empfangen kann, wenn es kommt, muss eine Person JETZT auf die Leute und Dinge in ihrem gegenwärtigen Umfeld einwirken.

Kapitel 12

Effizientes Handeln

Du musst dein Denken wie (in vorherigen Kapiteln) geplant einsetzen und anfangen zu tun, was du tun kannst, wo du bist, und du musst ALLES tun, das du tun kannst, wo du bist.

Du kannst nur vorwärts kommen, indem du umfassender bist als deine gegenwärtige Stellung, und keiner ist umfassender als seine gegenwärtige Stellung, der irgendeine Arbeit, die zu dieser Stellung dazugehört, ungetan lässt.

Die Welt wird nur durch jene vorangebracht, die ihre gegenwärtige Stellung mehr als ausfüllen.

Du kannst erkennen, dass, wenn keiner seine Stellung so recht ausfüllte, es zwingend einen Rückschritt in allem geben würde. Jene, die ihre Stellung nicht recht ausfüllen, sind totes Gewicht, das auf Gesellschaft, Regierung und auf Industrie und Handel lastet. Sie müssen unter großen Kosten von anderen mitgetragen werden. Der Fortschritt der Welt wird nur durch jene verlangsamt, die die Stellung, die sie innehaben, nicht ausfüllen. Sie gehören einem vergangenen Zeitalter an und tendieren zu Degeneration. Keine Gesellschaft könnte vorwärts kommen, wenn jeder geringer wäre als seine Stellung. Soziale Evolution wird durch das Gesetz der physischen und mentalen Evolution geleitet.

In der Tierwelt wird Evolution durch Überschuss an Leben verursacht. Wenn ein Organismus mehr Leben besitzt als in den Funktionen seiner eigenen Ebene zum Ausdruck gebracht werden kann, entwickelt er die Organe einer höheren Ebene und eine neue Spezies entsteht.

Es hätte niemals neue Spezies gegeben, hätte es nicht Organismen gegeben, die ihre Stellung mehr als ausfüllten. Genau dasselbe Gesetz gilt für dich: Dein Reichwerden hängt von deiner Anwendung dieses Prinzips auf deine eigenen Angelegenheiten ab.

Jeder Tag ist entweder ein erfolgreicher Tag oder ein Tag des Fehlschlags, und es sind die erfolgreichen Tage, die dir verschaffen, was dir mangelt. Wenn jeder Tag ein Fehlschlag ist, kannst du niemals reich werden, aber wenn jeder Tag ein Erfolg ist, kannst du nicht darin fehlen reich zu werden.

Wenn es etwas gibt, das heute getan werden kann, und du tust es nicht, hast du, insofern es diese Sache anbelangt, versagt – und die Konsequenzen dessen können verheerender sein, als du dir vorstellst.

Du kannst die Resultate gar der trivialsten Handlung nicht vorhersehen. Du kennst die Arbeitsweisen all der Gewalten, die zu deinem Nutzen in Bewegung gesetzt worden sind, nicht. Viel mag davon abhängen, dass du irgendeine simple Handlung durchführst, und sie mag genau die Sache sein, die dir die Tür der Gelegenheit zu sehr großen Möglichkeiten öffnet. Du kannst nie all die Verbindungen kennen, die die höchste Intelligenz für dich in der Welt der Dinge und der menschlichen Angelegenheiten arrangiert. Deine Nachlässigkeit oder dein Versagen darin, irgendeine Kleinigkeit zu tun, mag eine lange Verzögerung in der Beschaffung dessen, was du wünschst, verursachen.

Tu jeden Tag ALLES, was diesen Tag getan werden kann.

Es gibt jedoch eine Einschränkung oder Bedingung des Obigen, die du mit in Erwägung ziehen musst.

Du darfst dich nicht überarbeiten, noch dich blind in dein Geschäft stürzen, in dem Bestreben, die größtmögliche Anzahl von Dingen in der kürzestmöglichen Zeit zu tun.

Du sollst nicht versuchen, die morgige Arbeit heute zu tun, noch die Arbeit einer Woche an einem Tag. Tatsächlich ist es nicht die Anzahl der Dinge, die du tust, sondern die EFFIZIENZ jeder einzelnen Handlung, die zählt.

Jede Handlung ist in sich selbst entweder ein Erfolg oder ein Fehlschlag.

Jede Handlung ist in sich selbst entweder effektiv und effizient oder ineffektiv und ineffizient.

Jede ineffiziente Handlung ist ein Fehlschlag, und wenn du dein Leben damit verbringst ineffiziente Handlungen durchzuführen, wird dein ganzes Leben ein Fehlschlag sein. Je mehr Dinge du tust, desto schlimmer für dich – wenn all deine Handlungen ineffiziente Handlungen sind.

Andererseits ist jede effiziente Handlung ein Erfolg in sich selbst, und wenn jede Handlung deines Lebens eine effiziente Handlung ist, *muss* dein ganzes Leben ein Erfolg sein.

Die Ursache von Fehlschlag besteht darin, zu viele Dinge auf ineffiziente Art zu tun und nicht genug Dinge auf effiziente Art.

Du wirst sehen, dass es eine sich selbst beweisende Annahme ist, davon auszugehen, dass, wenn du überhaupt keine ineffizienten Handlungen und eine hinreichende Anzahl effizienter Handlungen durchführst, du reich werden wirst. Wenn es dir nun möglich ist, aus jeder

Handlung eine effiziente zu machen, erkennst du wiederum, dass das Beschaffen von Reichtümern zu einer exakten Wissenschaft reduziert ist, gleich Mathematik.

Die Angelegenheit dreht sich dann um die Frage, ob du jede einzelne Handlung zu einem Erfolg in sich selbst machen kannst. Und das kannst du sicherlich tun. Du kannst jede Handlung zu einem Erfolg machen, denn ALLE Kraft arbeitet mit dir zusammen, und ALLE Kraft kann nicht versagen.

Kraft ist dir zu Diensten, und um jede Handlung effizient zu machen, musst du nur Kraft in sie hineinlegen.

Jede Handlung ist entweder stark oder schwach, und wenn jede Handlung stark ist, handelst du auf die bestimmte Weise, die dich reich machen wird.

Jede Handlung kann stark und effizient gemacht werden, indem du deine Vision aufrecht hältst, während du sie durchführst, und die ganze Kraft deines VERTRAUENS und deiner ABSICHT in sie hineinlegst.

Dies ist der Punkt, an dem die Leute, die mentale Kraft von persönlichem Handeln trennen, versagen. Sie benutzen die Kraft des Bewusstseins an einem Ort und zu einer Zeit und handeln auf eine andere Weise, an einem anderen Ort und zu einer anderen Zeit. So sind ihre Handlungen nicht erfolgreich in sich selbst, zu viele von ihnen sind ineffizient. Aber wenn ALLE Kraft in jede Handlung, egal wie gewöhnlich, eingeht, wird jede Handlung ein Erfolg in sich selbst sein. Und da es die Natur der Dinge ist, dass jeder Erfolg den Weg zu weiterem Erfolg öffnet, wird dein Fortschritt hin zu dem, was du wünschst, und der Fortschritt dessen, was du wünschst, hin zu dir immer schneller werden.

Erinnere, dass erfolgreiches Handeln in seinen Ergebnissen kumulativ ist. Da die Begierde nach mehr Leben allen Dingen inhärent ist, werden, wenn eine Person beginnt, sich auf umfassenderes Leben hinzubewegen, mehr Dinge sich ihr anschließen und der Einfluss ihrer Begierde wird vervielfacht.

Tu jeden Tag alles, was du diesen Tag tun kannst, und führe jede Handlung auf effiziente Art durch.

Wenn ich sage, dass du deine Vision, während jeder Handlung, egal wie trivial oder gewöhnlich, die du durchführst, aufrecht halten musst, meine ich damit nicht, dass es notwendig ist, die Vision zu jeder Zeit bis ins kleinste Detail hinein distinkt zu sehen. Es sollte die Arbeit deiner Entspannungsstunden sein, deine Imagination auf die Details deiner Vision anzuwenden und sie zu kontemplieren, bis sie fest in deiner Erinnerung verankert sind. Wenn du schnelle Ergebnisse möchtest, verbringe praktisch all deine Freizeit mit dieser Übung.

Durch bewusste Kontemplation wirst du das Bild dessen, was du wünschst – sogar bis ins kleinste Detail hinein – so fest in dein Bewusstsein fixiert und so vollständig auf das Bewusstsein der formlosen Substanz übertragen bekommen, dass du dich während deiner Arbeitsstunden nur mental auf das Bild zu beziehen brauchst, um dein Vertrauen und deine Absicht zu stimulieren und dafür zu sorgen, das du dein Bestes gibst.

Kontempliere dein Bild in deinen Entspannungsstunden, bis dein Bewusstsein so sehr davon erfüllt ist, dass du es von einem Moment auf den anderen ergreifen kannst. Du wirst so begeistert von seinen strahlenden Versprechen sein, dass der bloße Gedanke daran, die stärksten Energien deines gesamten Wesens hervorbringen wird.

Lass uns noch einmal unseren Syllabus wiederholen und ihn durch leichte Änderung der abschließenden Aussagen auf den Stand bringen, den wir nun erreicht haben:

Es gibt einen Denkstoff, aus dem alle Dinge gemacht sind und der, in seinem ursprünglichen Zustand, die Zwischenräume des Universums durchströmt, durchdringt und erfüllt.

Ein Gedanke in dieser Substanz produziert das Ding, das durch den Gedanken abgebildet wird.

Eine Person kann in ihrem Denken Dinge formen und, indem sie ihr Denken auf formlose Substanz aufprägt, kann sie verursachen, dass das Ding, über das sie nachdenkt, erschaffen wird.

Um dies zu tun, muss eine Person vom Wettstreitdenken ablassen und zum kreativen Bewusstsein übergehen. Sie muss ein klares mentales Abbild der Dinge, die sie braucht und wünscht, formen und muss – mit Vertrauen und Absicht – alles tun, was getan werden kann, jeden Tag, jede einzelne Sache auf effiziente Art.

Kapitel 13

Ins richtige Geschäft kommen

Erfolg, in einem speziellen Geschäft, hängt zum einen davon ab, dass du in wohl entwickeltem Ausmaß über die Fähigkeiten verfügst, die in diesem Geschäft erforderlich sind.

Ohne gute musikalische Fähigkeiten kann niemand als Musiklehrer Erfolg haben. Ohne wohl entwickelte handwerkliche Fähigkeiten kann niemand in einem der handwerklichen Gewerbe großen Erfolg erlangen. Ohne Takt und kommerzielle Fähigkeiten kann niemand in Handelsunternehmen Erfolg haben. Aber die Fähigkeiten, die in deinem speziellen Beruf erforderlich sind, in wohl entwickeltem Ausmaß zu besitzen, stellt das Reichwerden nicht sicher. Es gibt Musiker, die bemerkenswertes Talent haben, jedoch dennoch arm bleiben. Es gibt Schmiede, Tischler und so weiter, die über exzellente handwerkliche Fähigkeiten verfügen, die aber nicht reich werden. Und es gibt Händler mit guten Fähigkeiten im Umgang mit Menschen, die nichtsdestotrotz versagen.

Die unterschiedlichen Fähigkeiten sind Werkzeuge. Es ist wesentlich, gute Werkzeuge zu haben, aber es ist ebenso wesentlich, dass die Werkzeuge auf die richtige Weise benutzt werden. Der eine Mensch kann eine Säge, ein Winkelmaß, einen Hobel und so weiter nehmen und ein hübsches Möbelstück bauen. Ein anderer Mensch kann dieselben Werkzeuge nehmen und sich daran machen, den Gegenstand zu reproduzieren, jedoch sein Werkstück wird nur ein armseliger Missgriff. Er weiß nicht, wie er gute Werkzeuge auf erfolgreiche Weise benutzen kann.

Die verschiedenen Fähigkeiten deines Bewusstseins sind die Werkzeuge, mit denen du die Arbeit erledigen musst, die dich reich machen soll. Also wird es leichter für dich sein, Erfolg zu haben, wenn du in ein

Geschäft einsteigst, für das du mit mentalen Werkzeugen gut gerüstet bist.

Ganz allgemein gesprochen, wirst du dich am besten in dem Geschäft machen, das deine stärksten Fähigkeiten nutzt – das Geschäft, für das du natürlichermaßen „am besten geeignet" bist. Aber auch diese Behauptung unterliegt Einschränkungen. Niemand sollte seine Berufung als unwiderruflich durch die Veranlagungen, mit denen er geboren wurde, bestimmt erachten.

Du kannst in JEDEM Geschäft reich werden, denn, wenn du nicht das rechte Talent hast, kannst du dieses Talent entwickeln. Es bedeutet lediglich, dass du deine Werkzeuge auf dem Weg machen musst, anstatt dich auf die Benutzung jener zu beschränken, mit denen du geboren worden bist. Es wird LEICHTER für dich sein, in einem Beruf Erfolg zu haben, für den du bereits Talente in wohl entwickeltem Ausmaß besitzt, aber du KANNST in jedem Beruf Erfolg haben, denn du kannst jegliches rudimentäre Talent weiterentwickeln, und es gibt kein Talent, für das du nicht das mindeste Rudiment besitzt.

Du wirst äußerst leicht Stück für Stück reich werden, wenn du das tust, wofür du am besten geeignet bist, aber du wirst auf äußerst befriedigende Weise reich werden, wenn du tust, was du zu tun WÜNSCHST.

Zu tun, was du zu tun wünschst, heißt leben, und es liegt keine wirkliche Befriedigung im Leben, wenn wir für immer dazu gezwungen sind, etwas zu tun, das wir nicht tun möchten, und niemals tun können, was wir zu tun wünschen. Und es ist sicher, dass du tun kannst, was du zu tun wünschst. Das *Begehren* es zu tun ist der Beweis, dass du in dir die Kraft hast, die es tun *kann*.

Begehren ist eine Manifestation von Kraft.

Das Begehren Musik zu machen, ist die Kraft, die Musik machen kann, darin Ausdruck und Entwicklung suchend. Das Begehren Maschinen zu erfinden, ist das mechanische Talent, das nach Ausdruck und Entwicklung sucht.

Wo es keine Kraft gibt, entweder entwickelt oder unentwickelt, eine Sache zu tun, da gibt es nie irgendein Begehren, diese Sache zu tun, und wo es ein starkes Begehren gibt, eine Sache zu tun, da ist dies ein sicherer Beweis, dass die Kraft, sie zu tun, stark ist und nur erfordert, entwickelt und auf die richtige Weise angewendet zu werden.

Wenn alles Übrige gleichwertig ausfällt, ist es am besten, das Geschäft zu wählen, für das du das am besten entwickelte Talent hast, aber wenn du das starke Begehren hast, dich in einer speziellen Arbeitsrichtung zu engagieren, solltest du diese Arbeit als den höchsten Zweck, auf den du abzielst, wählen.

Du kannst tun, was du zu tun wünschst, und es ist dein Recht und Privileg dem Geschäft oder auch der Nebenbeschäftigung nachzugehen, das deinen Bedürfnissen am besten angemessen und am erfreulichsten für dich ist. Du bist nicht verpflichtet zu tun, was du nicht tun möchtest, und solltest es nicht tun, außer als ein Mittel, das dich dahin bringt, die Dinge zu tun, die du zu tun wünschst.

Wenn es Fehler der Vergangenheit gibt, deren Konsequenzen dich in ein nicht wünschenswertes Geschäft oder Umfeld gebracht haben, magst du für einige Zeit verpflichtet sein zu tun, was du nicht tun möchtest, aber du kannst das Tun dessen erfreulich gestalten, indem du dir klarmachst, dass es dir ermöglicht, dahin zu kommen zu tun, was du zu tun wünschst.

Wenn du fühlst, dass du nicht im richtigen Beruf bist, agiere nicht zu hastig im Versuch, in einen anderen zu kommen. Der beste Weg, im Allgemeinen, das Geschäft oder das Umfeld zu wechseln, ist durch Wachstum.

Habe keine Angst, einen plötzlichen und radikalen Wechsel vorzunehmen, wenn die Gelegenheit sich bietet und du nach sorgfältiger Überlegung fühlst, dass es die richtige Gelegenheit ist, aber ergreife niemals eine plötzliche oder radikale Maßnahme, wenn du im Zweifel bist, ob es weise ist, dies zu tun.

Es gibt nie irgendwelche Eile auf der kreativen Ebene, und es gibt keinen Mangel an Gelegenheit.

Wenn du vom Wettstreitdenken loskommst, wirst du verstehen, dass du nie gehetzt zu handeln brauchst. Kein anderer wird dir die Sache, die du zu tun wünschst, vor der Nase wegschnappen, es gibt genug für alle. Wenn der eine Raum eingenommen wird, wird sich etwas später ein anderer und besserer für dich auftun, es gibt ausreichend Zeit. Wenn du in Zweifel bist, warte. Stütze dich auf die Kontemplation deiner Vision und verstärke dein Vertrauen und deine Absicht. Und, in Zeiten des Zweifels und der Unentschiedenheit, kultiviere mit allen Mitteln Dankbarkeit.

Ein oder zwei Tage in Kontemplation der Vision dessen, was du wünschst, verbracht und in ernsthafter Danksagung dafür, dass du es bekommen wirst, werden dein Bewusstsein in so enge Verbindung mit dem Höchsten bringen, dass du keinen Fehler machen wirst, wenn du dann handelst.

Es gibt ein Bewusstsein, das alles weiß, was es zu wissen gibt, und durch Vertrauen und die Absicht, im Leben vorwärts zu kommen, kannst du in innige Einheit mit diesem Bewusstsein gelangen, wenn du tiefen Dank empfindest.

Fehler entstehen aus übereiltem Handeln oder daraus, in Furcht oder Zweifel zu handeln, oder aus nachlässigem Vergessen des richtigen Motivs, welches in mehr Leben für alle und weniger für keinen besteht.

Wenn du auf die bestimmte Weise weitermachst, werden sich dir Gelegenheiten in wachsender Zahl bieten, und du wirst sehr standhaft in deinem Vertrauen und in deiner Absicht sein und durch respektvolle Dankbarkeit in engem Kontakt mit dem höchsten Bewusstsein bleiben müssen.

Tu alles, was du tun kannst, auf perfekte Art, jeden Tag, aber tu es ohne Eile, Sorge oder Angst. Mach so schnell, wie du kannst, aber hetze niemals.

Erinnere, dass in dem Moment, da du zu hetzen beginnst, du aufhörst, ein Schöpfer zu sein, und ein Wettstreiter wirst. Du fällst wieder zurück auf die alte Ebene.

Wann immer du dich selbst hetzend vorfindest, gebiete dir Halt. Fixiere deine Aufmerksamkeit auf das mentale Abbild der Sache, die du wünschst, und beginne damit, dafür Dank zu sagen, dass du dabei bist, sie zu bekommen. Die Ausübung von DANKBARKEIT wird nie darin fehlen, dein Vertrauen zu stärken und deine Absicht zu erneuern.

Kapitel 14

Der Eindruck von Vermehrung

Ob du deinen Beruf wechselst oder nicht, deine gegenwärtigen Handlungen müssen solche sein, die zu dem Geschäft, in dem du jetzt gerade tätig bist, dazugehören.

Du kannst in das Geschäft kommen, in das du kommen möchtest, indem du dir das Geschäft, worin du bereits etabliert bist, konstruktiv zu Nutze machst – indem du deine tägliche Arbeit auf die bestimmte Weise tust.

Und insoweit, wie dein Geschäft darin besteht, mit anderen Leuten umzugehen, ob persönlich oder schriftlich, muss der Schlüsselgedanke all deiner Bemühungen sein, ihnen den *Eindruck von Vermehrung* zu vermitteln.

Vermehrung ist es, was alle Männer und Frauen suchen, sie ist der Drang der formlosen Intelligenz in ihnen, die nach vollerem Ausdruck strebt.

Die Begierde nach Vermehrung ist aller Natur inhärent, sie ist der fundamentale Impuls des Universums. Alle menschlichen Aktivitäten basieren auf der Begierde nach Vermehrung. Die Leute suchen mehr Nahrung, mehr Kleidung, bessere Unterkunft, mehr Luxus, mehr Schönheit, mehr Wissen, mehr Freude – Vermehrung in etwas, mehr Leben.

Jedes lebende Ding unterliegt der Notwendigkeit nach kontinuierlichem Fortschritt, wo Vermehrung des Lebens aufhört, setzen unmittelbar Auflösung und Tod ein.

Der Mensch weiß dies instinktiv und sucht deshalb immer nach mehr. Dieses Gesetz der nie endenden Vermehrung wird von Jesus in der Parabel über die Veranlagungen formuliert: Nur jene, die hinzugewinnen, werden irgendetwas bekommen; ihm, der nichts hat, soll gar das, was er hat, noch genommen werden.

Das normale Begehren nach vermehrtem Wohlstand ist keine böse oder verabscheuenswürdige Angelegenheit. Es ist einfach das Begehren nach mehr Vielfalt des Lebens. Es ist inspiriertes Streben.

Und weil es der am tiefsten sitzende Instinkt ihrer Natur ist, fühlen sich alle Männer und Frauen zu jenen hingezogen, die ihnen mehr der Mittel des Lebens geben können.

Indem du dem bestimmten Weg folgst, so wie es auf den vorhergehenden Seiten beschrieben wurde, erlangst du für dich selbst kontinuierliche Vermehrung, und du gibst sie allen, mit denen du Umgang hast.

Du bist ein kreatives Zentrum, von dem aus Vermehrung an alle weitergegeben wird.

Sei dir dessen sicher und vermittle jedem Mann, jeder Frau und jedem Kind, mit denen du in Kontakt kommst, Sicherheit über diese Tatsache. Egal wie geringfügig die Transaktion, sei sie auch nur der Verkauf einer Zuckerstange an ein kleines Kind, lege den Gedanken der Vermehrung in sie hinein und stelle sicher, dass der Kunde von dem Gedanken beeindruckt wird.

Vermittle mit allem, was du tust, den Eindruck von Fortschritt, damit die Leute den Eindruck bekommen, dass du eine „fortschrittliche

Persönlichkeit“ bist und alle, mit denen du Umgang hast, vorwärtsbringst. Auch an die Leute, die du gesellschaftlich triffst – ohne irgendeinen Gedanken ans Geschäft und denen du nicht versuchst etwas zu verkaufen – gib den Gedanken der Vermehrung weiter.

Du kannst diesen Eindruck vermitteln, indem du das unerschütterliche Vertrauen aufrecht hältst, dass du selbst dich auf dem Weg der Vermehrung befindest, und dieses Vertrauen jede Handlung inspirieren, erfüllen und durchströmen lässt.

Tu alles, was du tust, in der festen Überzeugung, dass du eine fortschrittliche Persönlichkeit bist und dass du jedem Fortschritt bringst.

Fühle, dass du dabei bist reich zu werden, und dass du, indem du dies tust, andere reich machst und allen Vorteil verleihst.

Prahle nicht mit deinem Erfolg, tu dich nicht damit hervor und rede nicht unnötig darüber. Wahres Vertrauen ist niemals prahlerisch.

Wo immer du eine prahlerische Person findest, findest du jemanden, der insgeheim zweifelt und Angst hat. Fühle einfach das Vertrauen und lass es sich in jeder Transaktion auswirken. Lass jede Handlung und jede Äußerung und jeden Blick die ruhige Sicherheit zum Ausdruck bringen, dass du dabei bist reich zu werden – dass du bereits reich bist. Es werden keine Worte nötig sein, um dieses Gefühl anderen mitzutei-

8 Anm.d.Übers.: im Original „advancing personality“, also auch folgende Konnotationen berücksichtigen: „voranschreitende Persönlichkeit“, „vorangehende Persönlichkeit“, „sich entwickelnde Persönlichkeit“, „wachsende Persönlichkeit“, „Entwicklung und Fortschritt unterstützende und fördernde Persönlichkeit“, ...

len. Sie werden in deiner Gegenwart die Stimmung der Vermehrung empfinden und sich wiederum zu dir hingezogen fühlen.

Du musst andere derart beeindrucken, dass sie fühlen, dass, indem sie sich mit dir verbinden, sie für sich selbst Vermehrung erlangen werden. Sieh zu, dass du ihnen einen Gebrauchswert gibst, der größer ist, als der Geldwert, den du von ihnen nimmst.

Sei ehrlich stolz darauf, dass du dies tust, und lass' es jeden wissen und du wirst keinen Mangel an Kunden haben. Die Leute gehen dorthin, wo sie Vermehrung bekommen, und das Höchste, das Vermehrung in Allem begehrt und das alles weiß, wird Männer und Frauen zu dir hinbringen, die nie zuvor von dir gehört haben. Dein Geschäft wird rapide wachsen und du wirst von den unerwarteten Vorteilen, die dir zufallen werden, überrascht sein. Du wirst in der Lage dazu sein, von Tag zu Tag weiter reichende Geschäftsverbindungen herzustellen, größere Gewinne sicherzustellen und in einen besser zu dir passenden Beruf zu kommen, wenn es das ist, was du möchtest.

Aber bei alledem darfst du niemals deine Vision dessen, was du wünschst, aus dem Blick verlieren oder dein Vertrauen und deine Absicht zu bekommen, was du wünschst.

Lass mich dir hier eine weitere Mahnung zu Vorsicht hinsichtlich deiner Motive geben: Hüte dich vor der hinterhältigen Versuchung, Macht über andere Leute zu erstreben.

Nichts ist dem unausgeformten und teilweise entwickelten Bewusstsein so gefällig wie die Ausübung von Macht oder Herrschaft über andere. Die Begierde danach, aus Gründen selbstsüchtiger Befriedigung zu herrschen, war schon immer der Fluch der Welt. Über unzählige

Zeitalter hinweg haben Könige und Fürsten in ihren Schlachten um die Ausweitung ihrer Herrschaftsgebiete die Erde mit Blut getränkt – nicht weil sie nach mehr Leben für alle suchten, sondern um mehr Macht für sich selbst zu gewinnen.

Heutzutage ist das Hauptmotiv in Geschäftswelt und Industrie dasselbe: Menschen bringen ihre Armeen von Dollar in Stellung und verwüsten die Leben und Herzen von Millionen, in derselben wahnsinnigen Hetze nach Macht über andere. Wirtschaftskönige, gleich wie politische Könige, sind durch die Gier nach Macht angetrieben.

Hüte dich vor der Versuchung, nach Befehlsgewalt zu streben, ein „Herrscher" zu werden, als einer erachtet zu werden, der über der gemeinen Herde steht, andere durch extravagante Vorstellungen zu beeindrucken, und so weiter.

Das Denken, das nach Herrschaft über andere sucht, ist Wettstreitdenken, und Wettstreitdenken ist nicht das kreative Denken. Um deine Umgebung und dein Schicksal zu meistern, ist es nicht im Geringsten nötig, über deine Mitmenschen zu herrschen. Tatsächlich verhält es sich so, dass, wenn du dem Streit der Welt um die hohen Ränge verfällst, Schicksal und Umgebung dich bereits überwältigen und dein Reichwerden zu einer Angelegenheit von Zufall und Spekulation wird.

Hüte dich vor Wettstreitdenken! Man kann keine bessere Beschreibung des Prinzips des kreativen Handelns formulieren als den Lieblingsausruf des verstorbenen „Golden Rule“ Jones aus Toledo[9]: „Was ich für mich wünsche, dass wünsche ich für jeden.“

9 Anm.d.Übers.: Samuel Milton Jones, geb. 1846, gest. 1904. Bürgermeister von Toledo, Ohio, 1897-1904: „The Golden Rule.“, reprinted in *Papers of Samuel M. Jones,* Toledo Public Library.

Kapitel 15

Die fortschrittliche Persönlichkeit

Was ich im letzten Kapitel gesagt habe, gilt ebenso für den ausgebildeten Arbeiter und den Lohnarbeiter wie für die Person, die im Verkauf tätig ist oder in irgendeinem anderen Geschäft.

Egal, ob du Arzt bist, Lehrer oder Geistlicher, wenn du anderen Vermehrung des Lebens geben und ihnen diese Tatsache bewusst machen kannst, werden sie sich zu dir hingezogen fühlen, und du wirst reich werden. Der Arzt, der die Vision von sich selbst als einem großen und erfolgreichen Heiler aufrecht hält und auf die vollkommene Realisierung dieser Vision mit Vertrauen und Absicht hinarbeitet, wie in vorherigen Kapiteln beschrieben, wird in solch engen Kontakt mit der Quelle des Lebens kommen, dass er phänomenal erfolgreich sein wird, die Patienten werden in Scharen zu ihm kommen.

Keiner hat größere Gelegenheit, die Lehren dieses Buches zur Wirkung zu bringen, als ein praktizierender Mediziner. Das ist unabhängig davon, welcher der verschiedenen Schulen er angehören mag, denn das Prinzip der Heilung ist ihnen allen gemein und kann von ihnen allen gleichermaßen umgesetzt werden. Der „fortschrittliche Mensch" in der Medizin, der ein klares mentales Bild von sich selbst als erfolgreich aufrecht hält und der den Gesetzen von Vertrauen, Absicht und Dankbarkeit gehorcht, wird jeden kurierbaren Fall, dessen er sich annimmt, kurieren.

Im Feld der Religion schreit die Welt geradezu nach einem Geistlichen, der seine Hörer die wahre Wissenschaft des vielfältigen Lebens lehren kann. Derjenige, der die Details der Wissenschaft des Reichwerdens meistert, zusammen mit den dazugehörigen Wissenschaften des Wohlbefindens, von Größe und vom Gewinn von Liebe, und der diese Details vom Podium aus lehrt, dem wird es niemals an einer Gemeinde mangeln. Dies ist ein Gospel, den die Welt braucht, er wird Vermehrung des Lebens bringen und die Leute werden ihn glücklich hören und der Person, die ihn zu ihnen bringt, freigebig Unterstützung gewähren.

Was jetzt gebraucht wird ist eine Demonstration der Wissenschaft des Lebens vom Podium aus. Wir wollen Prediger, die uns nicht nur sagen können wie, sondern die uns in ihrer eigenen Person zeigen werden wie. Wir brauchen den Prediger, der selbst reich, gesund, groß und geliebt sein wird, um uns zu lehren, wie wir diese Dinge erlangen, und wenn er kommt, wird er eine zahlreiche und loyale Gefolgschaft vorfinden.

Dasselbe ist wahr für den Lehrer, der die Kinder mit dem Vertrauen und der Absicht des fortschrittlichen Lebens inspirieren kann. Er wird nie „arbeitslos" sein. Und jeder Lehrer, der dieses Vertrauen und diese Absicht hat, kann sie an seine Schüler weitergeben. Er kann gar nicht anders, als sie an sie weiterzugeben, wenn sie Teil seines eigenen Lebens und Praktizierens sind.

Was für den Lehrer, Prediger und Arzt wahr ist, ist auch für den Rechtsanwalt, Zahnarzt, Immobilienmakler, Versicherungsagenten – für jeden – wahr.

Das kombinierte mentale und persönliche Handeln, welches ich beschrieben habe, ist unfehlbar – es kann nicht versagen. Jeder Mann und jede Frau, die diesen Instruktionen ohne abzuirren, ausdauernd und den Buchstaben getreu folgen, wird reich werden. Das Gesetz der Vermehrung des Lebens ist in seiner Wirkweise genau so mathematisch sicher wie das Gesetz der Gravitation. Reichwerden ist eine exakte Wissenschaft.

Der Lohnarbeiter wird das für seinen Fall als ebenso wahr erfahren wie jeder der anderen genannten. Fühle nicht, dass du keine Chance hast reich zu werden, weil du an einem Ort arbeitest, wo es keine sichtbare Gelegenheit für Fortschritt gibt, wo die Löhne niedrig sind und die Lebenshaltungskosten hoch. Forme deine klare mentale Vision dessen, was du wünschst, und beginne zu handeln, mit Vertrauen und Absicht.

Erledige all die Arbeit, die du erledigen kannst, jeden Tag, und erledige jeden Teil der Arbeit auf vollkommen erfolgreiche Art. Lege die Kraft des Erfolges und die Absicht reich zu werden in alles hinein, was du tust.

Aber tu dies nicht lediglich mit der Idee, das Gefallen deines Arbeitgebers zu erregen, in der Hoffnung, dass er oder jene über dir deine gute Arbeit erkennen und dich befördern. Es ist nicht wahrscheinlich, dass sie das tun werden.

Die Person, die lediglich ein „guter" Arbeiter ist, ihre Stellung nach ihrem besten Können ausfüllt und sich damit zufrieden gibt, ist ein wertvoller Angestellter und es liegt nicht im Interesse des Arbeitgebers, ihn zu befördern. Er ist mehr wert, dort wo er ist.

Um Fortschritt sicher zu stellen, ist etwas mehr erforderlich, als zu groß für deine Stellung zu sein.

Die Person, die mit Sicherheit vorwärtskommt, ist jene, die zu groß für ihre Stellung ist, die ein klares Konzept dessen hat, was sie zu sein wünscht, die weiß, dass sie werden kann, was sie zu sein wünscht, und die entschlossen ist zu SEIN, was sie zu sein wünscht.

Versuche nicht deine gegenwärtige Stellung mit der Absicht, deinem Arbeitgeber zu gefallen, mehr als auszufüllen. Tu es mit der Idee, dich selbst vorwärts zu bringen. Halte am Vertrauen in und an der Absicht zu Vermehrung fest, während deiner Arbeitsstunden, nach deinen Arbeitsstunden und vor deinen Arbeitsstunden. Halte sie auf solche Weise, dass jede Person, die mit dir in Kontakt kommt, sei sie Vorarbeiter, Kollege oder Bekannter, die Kraft der Absicht von dir ausstrahlen fühlt – so dass jeder die Stimmung des Fortschritts und der Vermehrung von dir erfährt. Die Leute werden zu dir hingezogen sein, und wenn es in deinem gegenwärtigen Job keine Möglichkeit zu Fortschritt gibt, wirst du sehr bald eine Gelegenheit erkennen, einen anderen Job anzunehmen.

Es gibt eine Kraft, die nie darin fehlt, der fortschrittlichen Persönlichkeit, die sich in Übereinstimmung mit dem Gesetz bewegt, Gelegenheiten zu präsentieren. Gott kann gar nicht anders, als dir zu helfen, wenn du auf eine bestimmte Weise agierst. Er muss es tun, um sich selbst zu helfen.

Es gibt nichts an deinen Umständen oder an deiner Arbeitssituation, was dich niederhalten kann. Wenn du nicht reich werden kannst, indem du für den Stahlkonzern arbeitest, kannst du auf einer Zehn-Morgen-Farm reich werden. Und wenn du anfängst, den bestimmten Weg zu gehen, wirst du mit Sicherheit aus den „Klauen" des Stahlkonzerns entkommen und zu der Farm gelangen, oder dorthin, wo auch immer sonst du sein möchtest.

Wenn ein paar tausend Angestellte den bestimmten Weg beschreiten würden, wäre der Stahlkonzern bald in einer üblen Klemme. Er müsste den Arbeitern mehr Gelegenheiten ermöglichen oder das Geschäft aufgeben. Niemand muss für einen Konzern arbeiten. Die Konzerne können Leute nur solange unter sogenannten hoffnungslosen Bedingungen halten, wie es Leute gibt, die gegenüber der Wissenschaft des Reichwerdens unwissend sind oder die intellektuell zu faul sind, sie zu praktizieren.

Beschreite diesen Weg des Denkens und Handelns, und dein Vertrauen und deine Absicht werden dich bald jegliche Gelegenheit zur Verbesserung deiner Bedingungen erkennen lassen. Solche Gelegenheiten werden sich schnell ergeben, denn die höchste Kraft, die in allem wirkt und die in dir wirkt, wird sie zu dir bringen.

Warte nicht auf eine Gelegenheit, *all* das zu sein, was du zu sein wünschst. Wenn sich eine Gelegenheit bietet, mehr zu sein, als du jetzt bist, und du dich zu ihr hingezogen fühlst, ergreife sie. Das wird der erste Schritt hin zu einer größeren Gelegenheit sein.

In diesem Universum ist so etwas wie ein Mangel an Gelegenheiten für die Person, die das fortschrittliche Leben lebt, nicht möglich.

Es ist der Konstitution des Kosmos inhärent, dass alle Dinge für sie sind und zu ihrem Wohle zusammenarbeiten, und sie muss mit Sicherheit reich werden, wenn sie auf die bestimmte Weise handelt und denkt. Lass also Lohnarbeiter und Lohnarbeiterinnen dieses Buch mit großer Sorgfalt lesen und mit Zuversicht die Handlungsrichtung einschlagen, die es beschreibt. Es wird nicht fehlen.

Kapitel 16

Einige Vorsichtsmaßnahmen und abschließende Beobachtungen

Viele Leute werden sich mit Geringschätzung über die Idee lustig machen, dass es eine exakte Wissenschaft des Reichwerdens geben soll. An der Vorstellung festhaltend, dass der Vorrat an Gütern begrenzt sei, werden sie insistieren, dass soziale und Regierungsinstitutionen geändert werden müssen, bevor auch nur irgendeine nennenswerte Anzahl von Leuten einen angemessenen physischen und intellektuellen Wohlstand erwerben kann.

Aber das ist nicht wahr.

Es ist wahr, dass die bestehenden Regierungen die Massen in Armut halten, aber das liegt daran, dass die Massen nicht auf die bestimmte Weise denken und handeln.

Wenn die Massen beginnen, sich wie in diesem Buch vorgeschlagen vorwärts zu bewegen, können weder Regierungen noch Arbeitssysteme sie in Schach halten, alle Systeme müssen modifiziert werden, um sich der Vorwärtsbewegung anzupassen.

Wenn die Leute das fortschrittliche Bewusstsein haben, wenn sie das Vertrauen besitzen, dass sie reich werden können, und wenn sie mit der festen Absicht reich zu werden voranschreiten, kann sie nichts Erdenkliches in Armut halten.

Individuen können zu jeder Zeit und unter jeder Regierung den bestimmten Weg beschreiten und sich selbst reich machen. Und wenn eine nennenswerte Anzahl von Individuen dies unter egal welcher Regierung tut, werden sie damit verursachen, dass das System so modifiziert wird, dass sich der Weg für andere öffnet.

Je mehr Leute auf Wettstreitebene reich werden, desto schlimmer für andere. Je mehr auf kreativer Ebene reich werden, desto besser für andere.

Die ökonomische Erlösung der Massen kann nur erreicht werden, indem man eine große Anzahl von Leuten dazu bekommt, die wissenschaftlichen Methoden, die in diesem Buch niedergelegt sind, zu praktizieren und reich zu werden. Diese werden anderen den Weg zeigen und sie mit dem Begehren nach wirklichem Leben inspirieren, mit dem Vertrauen, dass es erlangt werden kann, und mit der Absicht, es zu erlangen.

Für die Gegenwart jedoch reicht es aus zu wissen, dass weder die Regierung unter der du lebst noch das kapitalistische oder wettstreitorientierte Arbeitssystem dich davon abhalten können reich zu werden. Wenn du die kreative Ebene des Denkens betrittst, wirst du dich über all diese Dinge erheben und ein Bürger eines anderen Königreichs werden.

Aber erinnere dich, dass dein Denken auf der kreativen Ebene gehalten werden muss. Du darfst dich nie auch nur für einen Moment dazu verleiten lassen, den Vorrat als begrenzt zu betrachten oder auf dem moralischen Niveau von Wettstreit zu handeln.

Wann immer du auf alte Wege des Denkens zurück verfällst, korrigiere dich sofort. Denn wenn du in Wettstreitdenken befangen bist, hast du die Kooperation des höchsten Bewusstseins verloren.

Verbringe keine Zeit damit zu planen, wie du gedenkst möglichen zukünftigen Notfällen zu begegnen, außer die notwendigen Maßnahmen betreffen dein heutiges Handeln. Du musst dich damit beschäftigen, die heutige Arbeit auf vollkommen erfolgreiche Art zu tun, nicht mit Notfällen, die sich möglicherweise morgen ergeben. Du kannst dich um sie kümmern, so sie eintreten.

Beschäftige dich nicht mit Fragen, wie du Hindernisse überwinden kannst, die möglicherweise am Horizont deines Geschäftes lauern, bis du deutlich erkennen kannst, dass dein Kurs heute geändert werden muss, um sie zu vermeiden.

Egal wie riesig das Hindernis in der Entfernung auch erscheinen mag, du wirst feststellen, dass, wenn du den bestimmten Weg gehst, es verschwindet, sobald du dich ihm näherst, oder dass ein Weg darüber hinweg, darunter hindurch, durch es hindurch oder um es herum in Sicht kommen wird.

Keine erdenkliche Kombination von Umständen kann einen Mann oder eine Frau aufhalten, der/die entlang strikter wissenschaftlicher Richtlinien vorgeht, um reich zu werden. Kein Mann und keine Frau, der/die das Gesetz befolgt, kann darin versagen reich zu werden, genau so wenig wie einer, der zwei und zwei multipliziert, darin versagen kann, als Resultat vier zu erhalten.

Denke nicht aufgeregt über Desaster, Hindernisse, Massenpaniken oder unerwünschte Konstellationen von Umständen nach. Da ist genug Zeit, mit solchen Dingen umzugehen, wenn sie sich in unmittelbarer Gegenwart vor dir präsentieren, und du wirst feststellen, dass jede Schwierigkeit die erforderlichen Mittel, sie zu überwinden, mit sich trägt.

Achte auf deine Sprache. Niemals sprich von dir selbst, deinen Angelegenheiten oder irgendetwas anderem auf entmutigte oder entmutigende Weise.

Niemals gestehe die Möglichkeit des Fehlschlags zu oder sprich in einer Weise, die Fehlschlag als eine Möglichkeit deduziert.

Sag niemals, dass die Zeiten hart sind oder die Geschäftsbedingungen zweifelhaft. Die Zeiten können für jene, die sich auf der Wettstreitebene befinden, hart sein und die Geschäftsbedingungen zweifelhaft, aber für dich können sie nie so sein. Du kannst erschaffen, was du wünschst, und du stehst über der Angst.

Wenn andere harte Zeiten haben und ein schlechtes Geschäft, wirst du die größten Gelegenheiten finden.

Trainiere dich selbst darin, von der Welt zu denken und auf sie zu blicken als etwas, das wird, das wächst, und scheinbares Übel als etwas zu betrachten, das lediglich unentwickelt ist. Sprich immer in Begriffen des Fortschritts. Etwas anderes zu tun, heißt deinem Vertrauen zuwiderhandeln, und deinem Vertrauen zuwiderhandeln, heißt es verlieren.

Erlaube dir niemals, dich enttäuscht zu fühlen. Du magst erwarten, zu einer bestimmten Zeit ein bestimmtes Ding zu besitzen, und es nicht zu dieser Zeit bekommen, und das wird dir als Fehlschlag erscheinen. Aber wenn du an deinem Vertrauen festhältst, wirst du bemerken, dass der Fehlschlag nur scheinbar ist.

Mach auf die bestimmte Weise weiter, und wenn du dieses Ding nicht bekommst, wirst du etwas so viel besseres bekommen, dass du erkennen wirst, dass der scheinbare Fehlschlag tatsächlich ein großer Erfolg war.

Ein Student dieser Wissenschaft hatte sich in den Kopf gesetzt, eine Geschäftsverbindung herzustellen, die ihm sehr wünschenswert erschien, und er arbeitete einige Wochen daran, sie zustande zu bringen. Als der ausschlaggebende Zeitpunkt kam, ging die Sache auf vollkommen unerklärliche Weise daneben. Es war, als hätte ihm insgeheim ein unsichtbarer Einfluss entgegengewirkt. Aber er war nicht enttäuscht. Ganz im Gegenteil dankte er Gott, dass seine Begierde überstimmt worden war, und machte standhaft weiter, mit einer dankbaren Geisteshaltung. Ein paar Wochen später kam eine soviel bessere Gelegenheit des Wegs, dass er das erste Geschäft unter keinen Umständen gemacht hätte, und er sah, dass ein Bewusstsein, das mehr wusste als er, ihn davor bewahrt hatte, den größeren Vorteil dadurch zu verlieren, dass er sich im geringeren verfing.

Das ist der Weg, auf dem sich jeder scheinbare Fehlschlag für dich zum Besseren wendet, wenn du dein Vertrauen bewahrst, an deiner Absicht festhältst, dankbar bist und – jeden Tag – tust, was an diesem Tag getan werden kann, jede einzelne Handlung auf erfolgreiche Art.

Wenn du einen Fehler machst, liegt das daran, dass du nicht genug erbeten hast. Mach weiter und eine größere Sache als die, nach der du gesucht hast, wird mit Sicherheit zu dir kommen. Erinnere dies.

Du wirst nicht versagen, weil es dir am notwendigen Talent mangelt zu tun, was du tun möchtest. Wenn du weitermachst, wie ich es angeregt habe, wirst du alles Talent entwickeln, das zur Erledigung deiner Arbeit notwendig ist.

Es liegt nicht in Reichweite dieses Buches, die Wissenschaft der Kultivierung von Talent abzuhandeln, sie ist allerdings ebenso bestimmt und einfach wie das Verfahren des Reichwerdens.

Wie auch immer, zögere nicht und zittere nicht vor Furcht, dass du, wenn du an einen bestimmten Punkt kommst, aus Mangel an Können versagen wirst. Mach einfach weiter, und das Können wird dir, wenn du an diesen Punkt kommst, zur Verfügung gestellt werden. Dieselbe Quelle des Könnens, die den mangelhaft geschulten Lincoln befähigte, die größte Regierungsarbeit zu leisten, die je ein einzelner Mensch vollbracht hat, steht auch dir offen. Du magst aus all dem Bewusstsein, das es gibt, die Weisheit ziehen, die du brauchst, um den Verantwortlichkeiten, die dir auferlegt wurden, gerecht zu werden. Mach weiter in vollem Vertrauen.

Studiere dieses Buch. Mach es zu deinem ständigen Begleiter, bis du alle Ideen, die in ihm enthalten sind, gemeistert hast. Während du dabei bist, in diesem Vertrauen sicher sesshaft zu werden, wirst du gut daran tun, die meisten Freizeit- und Unterhaltungsbeschäftigungen aufzugeben und Orten fern zu bleiben, an denen mit diesen konfligierende Ideen in Vorlesungen oder Predigten vorgebracht werden. Lies keine pessimistische oder Konflikte hervorbringende Literatur und lass dich nicht auf Streitgespräche über die Angelegenheit ein.

Verbringe den Großteil deiner Freizeit mit der Kontemplation deiner Vision, mit der Kultivierung von Dankbarkeit und mit dem Lesen dieses Buches. Es beinhaltet alles, was du über die Wissenschaft des Reichwerdens wissen musst, und du wirst alles Wesentliche im folgenden Kapitel zusammengefasst finden.

Kapitel 17

Eine Zusammenfassung der Wissenschaft des Reichwerdens

Es gibt einen Denkstoff, aus dem alle Dinge gemacht sind und der, in seinem ursprünglichen Zustand, die Zwischenräume des Universums durchströmt, durchdringt und erfüllt.

Ein Gedanke in dieser Substanz produziert das Ding, das durch den Gedanken abgebildet wird.

Eine Person kann in ihrem Denken Dinge formen und, indem sie ihr Denken auf formlose Substanz aufprägt, kann sie verursachen, dass das Ding, über das sie nachdenkt, erschaffen wird.

Um dies zu tun, muss eine Person vom Wettstreitdenken ablassen und zum kreativen Bewusstsein übergehen. Denn anders kann sie nicht mit formloser Intelligenz in Harmonie sein, die stets im Geiste kreativ und niemals wettstreitend ist.

Eine Person kann in vollständige Harmonie mit der formlosen Substanz gelangen, indem sie eine lebendige und echte Dankbarkeit für die Segnungen, die diese ihr zukommen lässt, unterhält. Dankbarkeit vereint das Bewusstsein des Menschen mit der Intelligenz der Substanz, so dass die Gedanken des Menschen vom Formlosen empfangen werden. Eine Person kann nur auf der kreativen Ebene verbleiben, indem sie sich mit der formlosen Intelligenz durch ein tiefes und kontinuierliches Empfinden von Dankbarkeit vereint.

Eine Person muss ein klares und definites Abbild der Dinge, die sie haben, tun oder werden möchte, formen und sie muss dieses mentale Abbild in ihrem Denken aufrecht halten, während sie gegenüber dem Höchsten zutiefst dankbar dafür ist, dass ihr all ihr Begehren gewährt wird. Die Person, die reich zu werden wünscht, muss ihre freien Stunden in Kontemplation ihrer Vision verbringen und in ernsthafter Danksagung dafür, dass ihr die Realität gegeben wird. Man kann die Wichtigkeit der häufigen Kontemplation des mentalen Abbildes in Verbindung mit unerschütterlichem Vertrauen und devoter Dankbarkeit gar nicht überbetonen. Dies ist der Vorgang, durch den der Eindruck an das Formlose weitergegeben wird und durch den die kreativen Gewalten in Bewegung gesetzt werden.

Die kreative Energie wirkt durch die etablierten Kanäle des natürlichen Wachstums und durch die der wirtschaftlichen und sozialen Ordnung. Alles, was in ihr mentales Bild eingeschlossen ist, wird der Person, die den oben gegebenen Instruktionen folgt und deren Vertrauen nicht wankt, mit Sicherheit gebracht werden. Was sie wünscht, wird auf den Wegen von etabliertem Handel und Gewerbe zu ihr kommen.

Um ihr Eigentum in Empfang zu nehmen, wenn es bereit ist, zu ihr zu kommen, muss eine Person auf eine Weise handeln, die dafür sorgt, dass sie ihre gegenwärtige Stellung mehr als ausfüllt. Sie muss die Absicht, durch Realisierung ihres mentalen Bildes reich zu werden, in Erinnerung behalten. Und sie muss jeden Tag alles, was diesen Tag getan werden kann, tun, sorgfältig darauf bedacht, jede Handlung auf erfolgreiche Art durchzuführen. Sie muss an jede Person einen Gebrauchswert weitergeben, der den Geldwert, den sie empfängt, übersteigt, so dass jede Transaktion zu mehr Leben beiträgt, und sie muss das Fortschrittsdenken aufrecht halten, so dass der Eindruck von Vermehrung allen mitgeteilt wird, mit denen sie in Kontakt kommt.

Die Männer und Frauen, die die vorhergehenden Instruktionen praktizieren, werden mit Sicherheit reich werden, und die Reichtümer, die sie empfangen, werden im exakten Verhältnis zur Definitheit ihrer Vision, zur Entschlossenheit ihrer Absicht, zur Beständigkeit ihres Vertrauens und zur Tiefe ihrer Dankbarkeit stehen.